非饱和膨胀土
细观结构及其渠坡地基的
关键水力特性

姚志华　章峻豪　著

MESO STRUCTURE OF UNSATURATED EXPANSIVE SOIL
AND KEY HYDRO-MECHANICAL CHARACTERISTICS
OF ITS CANAL SLOPE FOUNDATION

人民交通出版社股份有限公司
北 京

内 容 提 要

本书主要以非饱和土力学为基础,依托于膨胀土地区的大型工程实践,采用一系列非饱和土设备,以非饱和膨胀土、非饱和换填黏性土和膨胀岩为主要研究对象,通过试验研究和理论分析以及数值仿真等手段,着力认识膨胀土(岩)细观结构以及力学变形特征,探究渠坡地基换填非饱和黏土的关键水力特征,分析渠坡的渗流场和稳定性并提出设计改进方案,得到了一些有益的结论,以期为南水北调中线工程膨胀土区域的引水渠坡工程建设使用和维护管理等提供一定理论支撑和科学借鉴。相关成果也可为研究非饱和土及特殊土力学特性提供一定参考,也为同类工程建设提供有益思路。

本书可供土木、水力、交通等行业从事科研、教学、勘察、设计和施工等领域的工作者使用,也可供高校岩土工程专业研究生进非饱和土力学研究借鉴。

图书在版编目(CIP)数据

非饱和膨胀土细观结构及其渠坡地基的关键水力特性/
姚志华,章峻豪著. — 北京:人民交通出版社股份有限
公司,2022.8
    ISBN 978-7-114-18142-9

Ⅰ.①非… Ⅱ.①姚…②章… Ⅲ.①膨胀土地基—
土力学性质—研究 Ⅳ.①TU475

中国版本图书馆 CIP 数据核字(2022)第 152162 号

Feibaohe Pengzhangtu Xiguan Jiegou ji Qi Qupo Diji de Guanjian Shuili Texing

书   名:非饱和膨胀土细观结构及其渠坡地基的关键水力特性
著 作 者:姚志华 章峻豪
责任编辑:刘 倩
责任校对:席少楠 刘 璇
责任印制:刘高彤
出版发行:人民交通出版社股份有限公司
地   址:(100011)北京市朝阳区安定门外外馆斜街3号
网   址:http://www.ccpcl.com.cn
销售电话:(010)59757973
总 经 销:人民交通出版社股份有限公司发行部
经   销:各地新华书店
印   刷:北京虎彩文化传播有限公司
开   本:787×1092 1/16
印   张:10
字   数:249 千
版   次:2022 年 8 月 第 1 版
印   次:2022 年 8 月 第 1 次印刷
书   号:ISBN 978-7-114-18142-9
定   价:80.00 元

(有印刷、装订质量问题的图书,由本公司负责调换)

前　言

　　南水北调中线工程河南段陶岔和安阳等地引水渠坡建设常遇到膨胀岩土问题。由于膨胀岩土具有不良物理力学特征,在引水渠坡建设中需对其进行必要处理,一般采用非膨胀性粉质黏土对膨胀岩土进行换填。引水渠坡地基主要涉及膨胀土、膨胀岩以及换填粉质黏土,而这些岩土通常处于非饱和状态。目前,这些岩土的非饱和力学特征,尤其是细观结构特征和水力特性,以及上述特性对渠坡地基稳定性的影响规律等尚未完全被掌握。因此,本书以非饱和土三轴仪、CT-三轴仪、四联直剪仪、压力板仪和渗透仪等为主要研究设备,对非饱和膨胀岩土的细观结构特征和水力特性进行了系统的试验研究,并通过换填粉质黏土力学特性测试,对引水渠坡的稳定性进行了数值分析,并结合现场调查,探讨了增稳措施,以期为南水北调中线工程引水渠坡以及同类工程建设提供一定参考。本书主要研究工作如下:

　　首先,对重塑膨胀土进行无约束条件下的多次干湿循环,并对增湿和干燥后的膨胀土进行 CT 扫描,从细观上研究了裂隙产生和闭合的原因。对产生初始损伤的土样进行控制围压和吸力为常数的 CT-三轴浸水试验,得到了裂隙膨胀土浸水过程中细观结构变化的翔实图像和数据;分析了膨胀土裂隙在浸水过程中的闭合规律以及土样在浸水过程中体积变化特征;依据 CT 扫描数据定义裂隙闭合参数,提出了能反映裂隙闭合的结构修复演化方程。

　　其次,对干湿循环不同次数、具有不同损伤程度的重塑膨胀土进行了控制吸力为常数的各向等压加载试验,并对各级荷载稳定后的土样进行 CT 扫描。提出了确定膨胀土屈服应力的新方法,定义了膨胀土结构参数,给出了膨胀土屈服应力与结构参数之间的定量表达式,进而将巴塞罗那膨胀土本构模型推广到结构损伤情况。

　　第三,对膨胀岩试样进行 CT 扫描,对膨胀岩不同截面内部裂隙和结构进行观察分析。对膨胀岩进行无约束条件下的干湿循环,利用压力板仪和渗透仪对干湿循环后的膨胀岩进行土-水特征曲线和变水头渗透试验,研究膨胀岩干湿循环前后持水性和渗透性变化规律,揭示干湿循环对膨胀岩水力性质的影响

　　第四,对换填非饱和粉质黏土进行常规物性试验、非饱和三轴剪切试验、非饱和压缩

试验、土-水特征曲线测试和渗水试验。确定不排水剪切合适的剪切速率；建立总内摩擦角、总黏聚力、不排水抗剪强度与含水率的关系式，以及固结排水抗剪强度和等 p 试验的抗剪强度与基质吸力和剪切面上净法向应力的关系式。用三轴双线法建立排水和不排水两种条件下粉质黏土湿化变形计算公式；改进广义土-水特征曲线的表达式以反映应力状态和应力路径对水量变化的影响；研究粉质黏土渗透系数随干密度和基质吸力的变化规律。

第五，为描述非饱和粉质黏土的应力-应变特性，提出泊松比变化率的概念，基于非饱和土三轴剪切试验的切线模量和泊松比变化率均随轴向应变的增加呈指数衰减规律的结论，提出一种描述非饱和土应力-应变关系的新非线性本构模型。新模型能描述应变硬化和应变软化，能对非饱和土三轴不固结不排水剪、固结排水剪、固结不排水剪试验的应力-应变关系进行描述。该模型共包含 6 个参数，物理意义明确，确定方法简便，为深入研究非饱和土力学变形特性提供有力工具。

最后，对南水北调中线工程安阳段渠坡现场进行水文地质调查，以现场调查资料和室内试验数据为依据，对渠坡的渗流场和稳定性进行数值计算，分析渠坡滑塌机理，提出引水渠坡增稳措施，为引水渠坡工程使用维护管理等提供科学借鉴。

本书是近些年作者研究非饱和土的一些总结，依托于南水北调中线工程膨胀土地区引水渠坡的工程实践，着眼于引水渠坡地基涉及的膨胀土、膨胀岩和粉质黏土细观结构特征以及关键水力特性等难点问题，着力于探究引水渠坡滑塌机理及优化方案。书中一些认识和结论对于非饱和土试验研究和理论建模有所裨益，但限于作者理论水平和实践经验，书中还有诸多问题需要进一步深入研究和探讨，某些认识和结果难免存在不妥或者不足，敬请同行专家及读者见谅并批评指正。本书得到了国家自然科学基金(No. 11972374、51509257)以及军委科技委基础加强计划项目基金的资助。书中主要研究内容和试验工作在中国人民解放军陆军勤务学院军事设施勤务系(原中国人民解放军后勤工程学院军事土木工程系)完成，本书撰写和出版得到中国人民解放军空军工程大学航空工程学院机场建筑工程教研室的大力支持，在此特表示感谢。

姚志华　辛峻豪

2022 年 6 月

目　录

4

第1章 概　　述

南水北调工程是我国的战略性工程,分东、中、西三条线路,东线工程起点位于江苏扬州江都水利枢纽,中线工程起点位于汉江中上游丹江口水库,西线工程尚处于规划阶段。南水北调工程将使我国南北水系的合理利用进一步优化,使受水地区的缺水问题得到有效解决,使生态环境得到显著改善。其中线工程为河南、河北、北京、天津4省(市)的生活、工业和农业等提供水资源,但河南段陶岔和安阳等地常遇到严重的膨胀岩土问题,膨胀土和膨胀岩等特殊性岩土因其自身具有的工程力学特性,给南水北调中线引水渠工程建设使用和维护管理带来极大挑战。

膨胀土是在自然地质过程中形成的一种多裂隙并具有显著胀缩性质的地质体[1],亦称"胀缩性土",其浸水后体积剧烈膨胀而失水后体积显著收缩的特性[2],会对建筑物造成严重危害,但在天然状态下其强度一般较高,压缩性低。膨胀土所含的矿物成分对其所处环境的变化,特别是湿度变化非常敏感,导致膨胀土随着湿度的增加或减少发生膨胀或收缩,并产生膨胀压力或收缩裂缝。影响膨胀土胀缩性的主要成分,是其所含的蒙脱石黏土矿物[3],在自然条件下,一般多呈硬塑或坚硬状态,具有黄、红、灰白等色,裂隙较发育,常见光滑面和擦痕[4]。膨胀土分布十分广泛,在世界六大洲中的40多个国家都有分布,中国是其中分布广、面积大的国家之一。我国先后已在20多个省区发现膨胀土[5],主要包括河北、河南、山东、陕西、湖北、广西、广东、云南等地,约有3亿以上的人口生活在膨胀土地区。

由于膨胀土自身的特性,修建在膨胀土地区的建(构)筑物,尤其是路基、机场、渠道和边坡等经常发生变形或失稳破坏,治理费用相当高昂。成昆线、焦枝线、成渝线、阳安线和南昆线等铁路干线因较长距离通过膨胀土地区,经常发生路基病害和滑坡,治理费用达数亿元之巨。膨胀土被称为岩土工程中的"癌症"[5]。我国在总结膨胀土地区修建铁路的经验时,就有"逢堑必滑,无堤不塌"之说。南水北调中线总干渠南阳盆地段膨胀土边坡的主要破坏形式为浅层滑坡及冲蚀雨淋沟,其破坏深度与大气影响带深度密切相关。膨胀土对建筑物造成的危害是长期的、渐进的、潜在的,有时是难以处理的,美国工程界称膨胀土为"隐藏的灾害",美国由于膨胀土造成的损失平均每年高达20亿美元,超过洪水、飓风、地震和龙卷风造成的损失总和。膨胀土在全世界每年造成的损失达50亿美元以上[6]。

膨胀岩是一种特殊的软岩,具有似岩非岩、似土非土的特点,且亲水性强。当其和膨胀土作为南水北调工程引水渠地基时,极大增加了该工程地基和边坡失稳的风险,因此,在南水北调中线引水渠工程中常对膨胀岩土进行必要的换填,一般选择非膨胀性粉质黏土进行换填碾压处理。换填处理有效提升了引水渠工程建设质量,降低了引水渠地基灾害风险的可能。

然而,工程中常关注膨胀岩土以及换填粉质黏土在饱和状态下的力学变形特征,对其非饱和状态下工程力学特性没有很好探究和认识。而工程实践中遇到的绝大多数土都是非饱和土,其性状用经典饱和土理论是难以解释的[6]。非饱和土由四相所组成,即固体颗粒、孔隙水、孔隙气和液-气界面(收缩膜),而孔隙水、孔隙气的存在对非饱和土的强度、变形和渗流特性等方面均有很大影响。但在实际工程设计或计算中,往往按照经典饱和土理论去解决问题,这归因于非饱和土理论发展还不够完善,对非饱和土基本性质的研究仍不成熟,非饱和土的理论原理和计算方法以及它们介入工程的程度还处于初步阶段[7]。

南水北调中线工程最常见地基土包括了膨胀土、膨胀岩和粉质黏土,其非饱和状态下的关键水力特性尚未被完全掌握,而水力特性又与其细观结构密切相关,但相关研究并未有效深入。南水北调中线工程膨胀土区域引水渠建设使用和维护管理绕不开这三类特殊性岩土,需要以非饱和力学理论为基础,通过一系列细观扫描试验以及非饱和水力试验,对膨胀岩土水力作用下细观结构特征和力学变形响应以及非饱和换填粉质黏土关键水力特性展开系统的试验研究和理论分析,并分析引水渠坡的渗流场和稳定性,以期为南水北调中线工程膨胀土区域的引水渠坡工程使用和维护管理等提供一定理论支撑和科学借鉴。

1.1 非饱和膨胀土的湿胀干缩机理

膨胀土含大量的活性黏土矿物,如蒙脱石和伊利石,尤其是蒙脱石,比表面积大,在低含水率时吸力较大,土中蒙脱石含量的多少直接决定着土的胀缩性质。除了矿物成分因素外,这些矿物成分在空间上的联结状态也影响其胀缩性质。经对大量不同地点的膨胀土扫描电镜[1]分析得知,集聚体是膨胀土的一种普遍的结构形式,这种结构比团粒结构具有更大的吸水膨胀和失水吸缩的能力。水分的迁移是控制胀缩特性的关键外在因素,只有土中存在可能产生水分迁移的梯度和进行水分迁移的途径,才有可能引起土的膨胀或收缩。

膨胀土与水相互作用时,由于组成膨胀土的黏土矿物颗粒的表面特性和水分子的极性结构属性,使水分子在黏土颗粒表面电场的作用下,在矿物颗粒中间和颗粒周围,以及在黏土集聚体的周围,形成具有一定取向排列的水膜[8]。这些水膜主要是以各种作用力的方式与矿物颗粒相联结,而且随着各种力的不同,其水膜的厚度和性质也有不同,从而直接影响土的膨胀性能。因此,膨胀土吸水产生体积膨胀的过程,实质上是土中水膜的形成和变化过程。具体来讲,土中水膜的形成过程,也就是自由水渗入矿物颗粒转化为结合水的过程。而结合水的形成,主要是由于膨胀土水体系产生一系列物理化学作用的结果,依靠各种力的作用与矿物颗粒表面相结合,并在颗粒与颗粒之间形成一种"楔力"。随着结合水膜的加厚,粒间"楔力"增大,其结果使颗粒与颗粒、集聚体与集聚体之间的净距增加,导致土的体积膨胀。

目前有关解释膨胀土膨胀与收缩原因的理论较多,概括起来主要有三种理论:矿物学理论、物理化学理论和物理力学理论。矿物学理论从矿物晶格构造出发,认为膨胀土的膨胀取决于膨胀土的矿物成分及其结构以及颗粒表面交换阳离子成分等。物理化学理论中以渗透理论、双电层理论应用较普遍,此理论认为膨胀土膨胀的主要原因是膨胀土颗粒表面产生了复杂的物理化学作用,膨胀土的膨胀性主要取决于矿物表面结合水层与扩散双电层的厚度。物理力学理论[9]则包括有效应力理论、毛细管理论和弹性理论等,该理论认为膨胀土的膨胀是在一定的外力作用下由膨胀土与水相互作用产生的物理力学效应引起的。

目前主要用到的是晶格扩张理论和双电层理论。晶格扩张理论[10]认为,膨胀土晶格构造中存在膨胀晶格构造,水易渗入晶层之间形成水膜夹层,从而引起晶格扩张,使得土样体积增大。黏土矿物学研究表明,在黏土矿物的原子晶格构造中有一种晶层构造是由弱键连接晶片的晶格构造,晶层与晶层之间的结合彼此很不牢固。在水土样系相互作用时,由于黏土矿物化学成分内部的同晶置换或断键破损等而使黏粒表面带负电荷,并被吸附离子所平衡,极性水分子在电场作用下很容易渗入晶层成为水化阳离子,并形成水膜增厚,引起晶格扩张导致岩土膨胀,这种晶格构造被称为膨胀晶格构造。凡具有膨胀晶格构造的矿物都具有膨胀性。

双电层理论[8-9]认为,黏土颗粒对极性水分子和水化阳离子有吸附作用,围绕土粒形成由强结合水和弱结合水组成的水化膜(双电层),黏性土中的黏土颗粒不是直接接触的,而是通过各自的水化膜彼此连接起来。由于黏土含有大量的黏土颗粒,含水率的增减将引起水化膜扩散层厚度的增大或减小,这种水化膜厚度变化的结果是膨胀土体积的胀缩。按照扩散双电层原理,在双电层系统中存在吸力和斥力,极性分子和阳离子越靠近扁平的颗粒表面,它们被吸引就越强烈。靠近黏土颗粒表面的高浓度阳离子可产生斥力,从而使颗粒分散。有人认为此时产生的渗透压力就是斥力,它使黏土颗粒的接触由于水化膜扩散厚度的增大而减弱,土样趋向膨胀。

1.2 非饱和膨胀土的裂隙性

膨胀土工程中出现的问题往往由于水渗入膨胀土引发湿胀作用产生,又随着水分逐渐散失引起土的干缩。往复的干湿循环导致裂隙的产生和闭合,而裂隙的存在和发育对膨胀土工程的破坏起到关键作用。膨胀土的裂隙性与其胀缩性密切相关,胀缩性是导致裂隙发育的重要内在原因[11]。裂隙的存在大大降低了膨胀土土样的强度和结构性,裂隙的发育、延伸、扩展、贯通等均是引发工程事故问题的重要因素。吸水膨胀、失水收缩反复多次,造成膨胀土结构性降低,结构变得酥松,形成很多大小不一、形状各异的裂隙[12-13]。水分的变化造成土样的反复胀缩,裂隙的存在为土样浸水和水分散失形成良好的通道。

膨胀土中普遍发育各种形态裂隙,按其成因可分为两类,即原生裂隙和次生裂隙。产生裂隙的原因主要是膨胀土的胀缩特性,即吸水膨胀、失水干缩,往复周期变化,导致膨胀土土样结构松散,形成许多不规则的裂隙。裂隙的发育又为膨胀土表层的进一步风化创造条件,同时裂隙又成为雨水进入土样的通道,含水率的波动变化导致反复胀缩,从而使裂隙扩展。卸荷(或开挖)应力状态发生变化也产生裂隙,或促进裂隙的张开和发展。次生裂隙可分为风化裂隙、减荷裂隙、斜坡裂隙和滑坡裂隙等[14]。

在描述膨胀土的细观结构和裂隙发育方面,徐永福[15-16]和易顺民等[17]做了有益尝试。他们尝试借助分形几何的方法,研究了膨胀土的土粒、孔隙和裂隙结构的分形特征,发现分维数和膨胀土的抗剪强度之间有较好的相关性。虽然分维数可以看作是膨胀土结构损伤的一种间接度量,但裂隙的分布具有随机性,用分形描述难度较大。袁俊平[18]将裂隙定向排列的相互关系和裂隙网络的不连续性作为度量准则对裂隙网络进行几何分类,确定了裂隙度的测量方法并建立了裂隙概化模型。姚海林等[19]利用弹性理论和断裂力学原理提出了裂隙扩展深度的数学表达式,研究表明裂隙扩展深度随地表的基质吸力增大而增大,随土的抗拉强度的增大而减小,硬黏土比软黏土更易开裂。

众所周知,结构和裂隙是随气候和荷载而演化的,如能在试验过程中跟踪结构和裂隙的发展,就可得到损伤演化过程及其变化规律。近年来随着电子成像技术的发展,杨更社[20]、葛修润[21-22]、蒲毅斌[23]等将 CT 技术用于岩土工程研究中,给研究者提供动态实时的检测手段。基于此也可以对膨胀土试验过程中的裂隙发育和损伤演化过程进行跟踪观察,并对膨胀土细观结构进行准确掌握。卢再华等[24-25]利用与 CT 机配套使用的非饱和土工三轴仪,对在三轴剪切试验过程和干湿循环过程中非饱和原状膨胀土内部结构的变化进行了动态、实时和无损的量测,得到了土样内部损伤结构演化的清晰 CT 图像和相应的 CT 数据,提出了相应的损伤演化方程。

魏学温[26]利用非饱和土 CT-三轴仪,对陶岔渠坡原状膨胀土做了起始净围压为 200kPa 的侧向卸荷 CT-三轴试验(基质吸力分别控制为 100kPa、150kPa、200kPa)。在试验中,为减小侧向压力而保持轴向净压力不变,故在减小侧压时应对轴压进行补偿;并做了 3 个净平均应力 p 和基质吸力 s 都等于常数的 CT-三轴排水剪切试验(3 个净平均应力 p 控制为 250kPa,基质吸力控制为 100kPa、150kPa 和 200kPa),研究了膨胀土在剪切过程中的裂隙损伤演化,分析了膨胀土在剪切过程中裂隙损伤演化方程,并对不同应力路径下的损伤演化进行了比较。雷胜友[27]对安康原状膨胀土三轴浸水过程及浸水后的三轴压缩剪切过程进行了 CT 扫描,并对膨胀土破坏的过程进行了机理分析。

大量膨胀土工程破坏问题都与水有关,而裂隙的存在为水渗入土样提供良好的通道。研究干湿循环裂隙的资料[28-31]较多,但均未对干湿循环过程中的裂隙演化进行系统研究。卢再华等[24-25]利用 CT 技术对南阳重塑膨胀土在多次干湿循环结束时裂隙的演化进行了细观试验研究,但没有对试样增湿过程裂隙如何演化进行测试分析。文献[18,32-34]对膨胀土进行了浸水试验,但未涉及浸水后裂隙的演化过程。雷胜友等[27]只做了一个试样的浸水试验,无法从细观上定量分析裂隙的演化规律。故而膨胀土裂隙结构细观特征需要进一步深入研究。

1.3　非饱和膨胀土本构模型

1)弹塑性概念模型

国内学者对膨胀土做过大量研究,召开过多次学术学会议,并出版过若干专著和研究报告[3-5]。膨胀土的本构关系是本领域里的一个基本课题和前沿课题。Gens[35-36]和 Alonso[37]提出了一个膨胀土的弹塑性模型框架,将土样变形分为微观结构变形和宏观结构变形两个层次。微观结构变形按照饱和土理论中非线弹性模型计算;宏观结构变形按照 Alonso[35-37]提出的非饱和土弹塑性模型计算。卢再华[24]对 G-A 模型做了改进,把 LC 屈服面改为 LY 屈服面;又对膨胀土的损伤演化过程进行了分析,以沈珠江提出的复合体损伤理论和 Desai 建议的扰动状态概念为基础,提出原状非饱和膨胀土的弹塑性损伤本构模型。该模型能够全面反映膨胀土的胀缩性、超固结性和裂隙性。

缪林昌[14]、徐永福[15]和曹雪山[38]各自提出了膨胀土弹塑性模型框架。谢云[39]以陈正汉提出的非饱和土的非线性模型[40]为基础,通过对土性参数的修正和考虑温度本身引起的土的变形,建立了考虑温度效应的重塑非饱和膨胀土的本构模型,共做了 13 个重塑非饱和膨胀土温控三轴试验,分析了温度对土的强度和变形的影响,研究了模型参数的变化规律。该模型包括土骨架的本构关系和水量变化的本构关系两个方面,涉及 18 个参数,都可用非饱和土三轴试验确定。但是膨胀土本构模型框架,一般都较复杂且参数较多,难以应用于实际工程中。

G-A 模型特点如下:

(1)微观结构为水平饱和状态,仅存在弹性的体积应变 ε_{vm}^{e},并假定唯一取决于净平均应力(p)和吸力(s)之和,即:

$$d\varepsilon_{vm}^{e} = \frac{\hat{k}_s}{v_m} \frac{d(p+s)}{p+s} \tag{1.1}$$

式中:v_m——微观结构水平的比容;

　　$\hat{k}_s$——$p+s$ 加载引起微观体变的压缩系数。当 $p+s$ 值不变时 $d\varepsilon_{vm}^{e}$ 为 0,形成 p-s 平面上与 p 轴成 45° 的中性线(Neutral Line),简称 NL 线。

(2)宏观结构水平变形为非饱和状态,采用 Alonso 等的一般非饱和土弹塑性本构模型计算。模型给出弹性性状表达式如下:

$$d\varepsilon_v^e = \frac{k}{v} \frac{dp}{p} + \frac{k_s}{v} \frac{ds}{s+p_{atm}} \tag{1.2}$$

$$d_s^e = \frac{1}{3G} dq \tag{1.3}$$

式中:k——与净平均应力相关的弹性刚度参数;

　　k_s——与吸力相关的弹性刚度参数;

　　G——弹性剪切模量;

　　p_{atm}——大气压力;

　　v——土的比容。

模型的广义屈服面由两个屈服面,即加载湿陷(LC)屈服面和吸力增加(SI)屈服面构成,其表达式分别为:

LC 屈服面:

$$f_1(p,q,s,p_0^*) \equiv q^2 - M^2(p+p_s)(p_0-p) = 0 \tag{1.4}$$

SI 屈服面:

$$f_2(s,s_0) \equiv s - s_0 = 0 \tag{1.5}$$

$$p_s = ks \tag{1.6}$$

$$\frac{p_0}{p_c} = \left(\frac{p_0^*}{p_c}\right)^{\frac{[\lambda(0)-k]}{[\lambda(s)-k]}} \tag{1.7}$$

$$\lambda(s) = \lambda(0)[(1-r)\exp(-\beta s) + r] \tag{1.8}$$

式中:p_0——吸力等于某一特定值时的非饱和土的屈服净平均应力;

　　p_c——参考应力;

p_0^*——饱和状态下的屈服净平均应力；

s_0——屈服吸力，为硬化参数；

k——描述黏聚力随吸力增大的参数；

M——饱和条件下的临界状态线的斜率；

$\lambda(s)$——反映净平均应力改变的刚度参数，当 $s=0$ 时,等于 $\lambda(0)$；

r——同一土最大刚度相关常数,$r = \lambda(s \to \infty)/\lambda(0)$；

β——控制土刚度随吸力增长速率的参数。

模型认为土样仅发生体积硬化,取塑性体应变为硬化参数,则相应的硬化规律为:

$$\frac{\mathrm{d}p_0^*}{p_0^*} = \frac{v}{\lambda(0) - k}\mathrm{d}\varepsilon_\mathrm{v}^\mathrm{p} \tag{1.9}$$

$$\frac{\mathrm{d}s_0}{s_0} = \frac{v}{\lambda_\mathrm{s} - k_\mathrm{s}}\mathrm{d}\varepsilon_\mathrm{v}^\mathrm{p} \tag{1.10}$$

式中:λ_s——反映吸力变化的刚度参数。

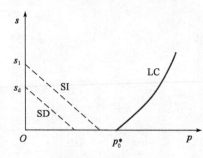

图 1.1 膨胀土弹塑性模型在 p-s 平面上的屈服线

（3）微观体变 $\varepsilon_\mathrm{vM}^\mathrm{e}$ 能使宏观结构水平屈服,产生塑性体变 $\varepsilon_\mathrm{vM}^\mathrm{p}$。图 1.1 是弹塑性模型在 p-s 平面上的屈服线。图中 LC 线为实线,SI、SD 用虚线表示,因为它们描述的屈服属于不同的层次。当吸力或净平均应力减少到 SD 线时,会发生干缩屈服而出现较大的收缩变形。

膨胀土的湿胀干缩变形受净围压的影响很大,G-A 模型计算微观体变 $\varepsilon_\mathrm{vM}^\mathrm{e}$ 引起的宏观体变 $\varepsilon_\mathrm{vM}^\mathrm{p}$ 如下:

$$\mathrm{d}\varepsilon_\mathrm{vM}^\mathrm{p} = \mathrm{d}\varepsilon_\mathrm{vsi}^\mathrm{p} + \mathrm{d}\varepsilon_\mathrm{vsd}^\mathrm{p} \tag{1.11}$$

$$\mathrm{d}\varepsilon_\mathrm{vsi}^\mathrm{p} = \mathrm{d}\varepsilon_\mathrm{vm}^\mathrm{e} \cdot f_1 \tag{1.12}$$

$$\mathrm{d}\varepsilon_\mathrm{vsd}^\mathrm{p} = \mathrm{d}\varepsilon_\mathrm{vm}^\mathrm{e} \cdot f_\mathrm{D} \tag{1.13}$$

$$f_1 = f_{I0} + f_{I1}(1 - p/p_0)^{n_1} \tag{1.14}$$

$$f_\mathrm{D} = f_{D0} + f_{D1}(1 - p/p_0)^{n_\mathrm{D}} \tag{1.15}$$

式中:$\mathrm{d}\varepsilon_\mathrm{vsi}^\mathrm{p}$,$\mathrm{d}\varepsilon_\mathrm{vsd}^\mathrm{p}$——分别为 SI、SD 屈服后产生的塑性应变,是反映微观变形引起宏观变形的作用函数；

f_{I0},f_{D0}——p 达到 p_0 时的 f_1、f_D 值；

f_{I1},f_{D1}——分别为 $p = 0$ 时 f_1、f_D 的值；

n_1,n_D——分别为 f_1、f_D 随 p 变化速率的指数。

由 $\varepsilon_\mathrm{vm}^\mathrm{e}$ 间接引起的宏观塑性剪应变 $\varepsilon_\mathrm{sM}^\mathrm{p}$ 仍按一般非饱和土弹塑性本构理论中的关联流动法则计算,并假定宏观结构水平应变不会引起微观结构水平应变。

（4）假定土样总变形为两水平变形之和：$\varepsilon = \varepsilon_m + \varepsilon_M$。

本构方程参数共 17 个，硬化参数 3 个。

2）弹塑性损伤本构模型

卢再华[24]以 Desai 提出的扰动状态理论和沈珠江的复合体损伤理论为基础，将相对较为完整的原状膨胀土视为基本无损土，裂隙非常发育的膨胀土视为完全损伤土样，建立了非饱和膨胀土的弹塑性损伤本构模型，可反映膨胀土的三个主要特征，即胀缩性、裂隙性和超固结性造成的独特力学特性：低围压情况下的软化和剪胀、围压较高时的硬化、剪缩以及干湿变化时的反复胀缩特性。模型包括完全损伤部分的应力-应变关系、无损部分的应力-应变关系和损伤演化方程三个主要部分：

（1）完全损伤部分的应力-应变关系

将土的变形分为微观和宏观是使 G-A 模型变得复杂的主要原因，考虑到通常的试验只能得到土样总的变形结果，所以不再区分微观、宏观变形，直接由膨胀土随 $p-s$ 变化的变形试验结果来分析其体积变化规律，这样膨胀土的弹性变形计算和一般非饱和土相同。

$$d\varepsilon_v^e = \frac{k}{v}\frac{dp}{p} + \frac{k_s}{v}\frac{ds}{s+p_{atm}} \tag{1.16}$$

$$d\varepsilon_s^e = \frac{1}{3G}dp \tag{1.17}$$

式中：k——与净平均应力加载相关的弹性刚度参数；

k_s——与吸力相关的弹性刚度参数；

G——弹性剪切模量；

p_{at}——大气压力；

v——土的比容。

膨胀土的湿胀变形较大，且膨胀变形随围压增大而减小。为此模型引入膨胀函数 f_d 来计算吸力降低时的弹性体变增量，有：

$$d\varepsilon_s^e = \frac{f_d k_s}{v}\frac{ds}{s+p_{atm}}, ds < 0 \tag{1.18}$$

$$f_d = t_d\left(1 - \frac{p}{p_0}\right)^{n_1} \tag{1.19}$$

式中：t_d——膨胀系数，反映土的膨胀性强弱；

p_0——某吸力下屈服净平均压力；

n_1——膨胀因子，反映膨胀变形随围压衰减的快慢。

本模型对膨胀土 G-A 模型进行了改进，并将殷宗泽提出的抛物线剪切屈服面引入到该模型中。引入剪切屈服面（用 S_y 表示）后，改进后的膨胀土 G-A 模型屈服方程为：

L_y 屈服面：

$$f_1(p,q,s,p_0^*) \equiv q^2 - M^2(p+p_s)(p_0-p) = 0 \tag{1.20}$$

$$p_s = ks \tag{1.21}$$

$$\frac{p_0}{p_c} = \left(\frac{p_0^*}{p_c}\right)^{\frac{[\lambda(0)-k]}{[\lambda(s)-k]}} \tag{1.22}$$

$$\lambda(s) = \lambda_0 \big[(1-r)\exp(-\beta s) + r \big] \tag{1.23}$$

S_y 屈服面：

$$f_2(p,q,s,\varepsilon_s^p) \equiv \frac{aq}{G}\sqrt{\frac{q}{M_2(p+p_s)-q}} - \varepsilon_s^p = 0 \tag{1.24}$$

式中：a——反映膨胀土剪胀性强弱的参数；

$\quad M_2$——曲线形状参数；

$\quad \varepsilon_s^p$——塑性偏应变。

模型采用关联流动法则，剪切屈服面 S_y 的硬化参量为塑性偏应变 ε_s^p，L_y 屈服面的硬化规律为：

$$\frac{\mathrm{d}p_0^*}{p_0^*} = \frac{v}{\lambda(0)-k}\mathrm{d}\varepsilon_{vp}^p \tag{1.25}$$

（2）相对完整土样的应力-应变关系

相对完整的膨胀土受力后变形较小，采用陈-周-F 非线性模型描述，膨胀土的湿胀变形仍采用膨胀函数 f_d 来反映。

（3）结构损伤演化方程

根据南阳原状膨胀土在三轴剪切试验过程中的 CT 扫描结果，得到指数函数形式的剪切损伤演化方程：

$$D = D_0 + \exp\left[\frac{p_{c0}}{p}\varepsilon_s^{\left(\frac{s}{p_{atm}}\right)}\right] - 1 \qquad (D \leqslant 1) \tag{1.26}$$

式中：D_0——土样的初始损伤值；

$\quad p_{c0}$——土的前期固结压力。

反复的湿胀干缩循环也会引起膨胀土的裂隙损伤演化，根据干湿循环条件下膨胀土裂隙演化的 CT 试验结果，得到干湿循环过程中裂隙损伤演化方程为：

$$D = \exp(A\varepsilon_v^Z) \tag{1.27}$$

式中：A——反映膨胀土膨胀性强弱的系数；

$\quad Z$——曲线形状参数；

$\quad \varepsilon_v$——干湿循环过程中累计干缩体变。

综上所述，上述本构模型框架在一定程度上都能较好地反映膨胀土的基本特性，但以上模型的建模方法和所得模型过于复杂，难以推广使用，因此有必要寻求新思路和新方法，即从研究结构损伤对膨胀土屈服特性和硬化规律的影响以及结构损伤对膨胀土强度参数的影响入手，据此建立实用的非饱和膨胀土弹塑性损伤本构模型，这将是一条捷径。而一旦建立了符合膨胀土结构特征的本构模型，就可能对膨胀土样的变形和稳定性作出正确的预报，并对实际工程建设起到指导作用。

1.4　非饱和膨胀岩的工程特性

膨胀岩属于特殊岩石，在我国分布广泛。由于其具有吸水膨胀和失水收缩等工程特性，给许多实际工程带来了预料不到的危害，造成了巨大的经济损失[41]。杨庆等[42]对膨胀岩进行了三轴膨胀试验,得出膨胀应变仅与体积应力有关,体积膨胀应变随吸水量的增大而呈线性增加。温春莲等[43]研究了膨胀岩的膨胀变形与干密度和含水率的关系,建议膨胀岩巷道的初次支护需具备一定的柔性。朱珍德等[44]对风化红砂岩进行了试验研究,得出其膨胀应变、泊松比随吸水率的增加而增大,弹性模量随吸水率的增加而降低。徐晗等[45]等对强风化膨胀岩的强度特性进行了试验研究,得出含水率对黏聚力影响较大,对内摩擦角的影响不显著。臧德记等[46]对膨胀岩原状试样和重塑试样进行了直剪试验,发现原状试样剪切面凹凸起伏,有效剪切面积较大。黄斌等[47]对改性聚丙烯单丝纤维膨胀岩进行了无侧限压缩试验,发现其应力应变关系可用双折线函数拟合,且纤维掺量存在一个最优值。饶锡保等[48]对膨胀岩进行了三轴固结排水剪切试验,分析了邓肯非线性弹性模型对膨胀岩的适用性。陈劲松等[49]进行了膨胀岩的现场渗透试验,得出泥灰岩渗透系数的空间变异性较大,其渗透性高于黏土岩的渗透性。胡波等[50]对黏土岩进行了直剪试验,发现其抗剪强度随吸力的增大而增大,呈脆性破坏。刘静德等[51]对重塑膨胀岩进行了试验研究,发现其吸水膨胀量随干密度的增大而增大,随含水率的增大而减小,侧向约束对膨胀力影响显著。

膨胀岩相关物理力学研究已较多,但由于膨胀岩裂隙特征,制备试样困难,对其原状试样土水特性及干湿循环下渗透特性的研究并不多见。当膨胀岩作为地基时,与其他类土会形成不同材料之间的交界面,交界面往往是该类工程的薄弱环节。在水力耦合作用下,膨胀岩的水力性质将发生重大改变,工程中需要了解膨胀岩的细观结构特征,并掌握其关键水力性质,才能为膨胀岩区域的工程建设提供更好的理论支撑基础。

1.5 非饱和土边坡稳定性

Fredlund[6]研究了非饱和土边坡中水分的运移规律,发现在边坡的饱和区和非饱和区之间有连续的水流。Lumb[52]研究了香港地区滑坡与降雨的关系,认为斜坡的稳定性由土的入渗能力来控制。Sammori 等[53]用 Galerkin 有限元法模拟了恒定降雨强度条件下边坡瞬态渗流过程,得出对边坡稳定性不利的参数取值情况是较低的导水率、较长的斜坡、较浅的土层深度和凹形的斜坡表面。黄涛等[54]开展了边坡稳定性模型试验研究,认为只要边坡入渗水量达到了一定的阈值,边坡就可能发生滑塌。黄润秋等[55]对基质吸力影响下边坡的稳定性进行了分析,认为考虑基质吸力下边坡稳定性的安全系数比传统方法计算所得值高。李兆平等[56]以含水率为控制变量建立了降雨入渗的数学模型,认为边坡稳定性降低主要是因为雨水入渗引起了基质吸力的下降。吴恒滨等[57]认为边坡的失稳大多与水有关,并对地下水的分布假设进行了探讨。陈善雄等[58-59]认为,降雨引起的土体抗剪强度下降是边坡失稳的根本原因,对滑坡预测模型进行了探讨,认为降雨引起的滑坡通常为浅层滑坡。陈铁林等[31]对边坡考虑裂隙和不考虑裂隙下的稳定性进行了对比分析,建议对于膨胀土边坡应该考虑裂隙的影响。

张文杰等[60]通过边坡稳定的极限平衡分析,认为当岸坡外的水位处于变动时,边坡的稳定性主要取决于土体基质吸力、滑面处的有效应力以及坡外水的推力。张旭辉等[61]采用圆弧条分法进行了边坡稳定性分析,认为影响边坡稳定性最重要的因素是土体的抗剪强度指标。刘义高等[62]进行了试验研究和数值分析,认为"上土下岩"式膨胀土边坡的破坏是一种沿界面的滑出破坏,对于膨胀土边坡应做好防排水工作。卢再华等[63]从理论分析着手,通过数值模拟描述了膨胀土边坡发生浅层滑坡时的规模和位置。林鸿州等[64]进行了模型试验,认为边坡失稳与累计降雨量有关,提出用降雨强度和累计降雨量两个指标来进行边坡预警。徐晗等[65]进行了数值分析,分析了膨胀岩边坡与降雨的关系,认为降雨初期、中期和后期最危险滑弧的位置分别位于深层、表层饱和带和中层。龚壁卫等[66]通过在边坡现场进行人工降雨试验,得出持续 3 天以上的中等强度降雨是对边坡稳定最为不利的。张永生等[67]指出用有限元法将边坡渗流场和应力场结合分析是较为合理的。

目前,在稳定性分析的方法中,条分法简单易行。条分法在 1916 年由瑞典人彼德森提出,之后费伦纽斯、泰勒等人对其进行了改进。他们假定土坡稳定问题是个平面应变问题,滑裂面是个圆柱面,计算中不考虑土条之间的作用力,土坡稳定的安全系数是用滑裂面上全部抗滑力矩与滑动力矩之比来定义的。随着土力学学科的不断发展,很多学者致力于条分法的改进。他们的努力方向大致有两个:一是着重探索最危险滑弧位置的规律,制作图表和曲线,以减少计算工作量;二是对基本假定作出修改和补充。与一般建筑材料的强度安全系数相似,毕肖普等将土坡稳定安全系数 F_s 定义为沿整个滑裂面的抗剪强度 τ_f 与实际产生的剪应力 τ 之比,即

$$F_s = \frac{\tau_f}{\tau} \tag{1.28}$$

这不仅使安全系数的物理意义更加明确,而且使用范围更加广泛,为非圆弧滑动分析及土条分界面上条间力的各种考虑方式提供了有利条件[28]。各种条分法之间的区别见表 1.1。实际上,地下水水位的上涨规律、土体的基质吸力、抗剪强度指标和渗透系数等对非饱和边坡的稳定性均有较大影响,在进行边坡稳定性分析时还应结合边坡现场的水文地质调查。

各种条分法的比较　　　　　　　　　　　　　　　　　　表 1.1

序号	类　别	对条间力的假定	对滑面形态的限制	所满足的力平衡方程	条分方式
1	瑞典圆弧滑动法	不考虑条间力方向和切向力的作用	假定滑面是个圆柱面	仅满足整个滑动土体的整体力矩平衡方程	垂直分条
2	毕肖普法	假定条间力方向水平	假定滑面是个圆柱面(剖面图上是个圆弧)	满足整个滑动土体整体力矩平衡方程及条块竖向力的平衡方程	垂直分条
3	简布的普遍条分法	假定土条侧面推力呈直线分布,推力线位置视坡面有无超载和土是否为黏性土而定	对滑面形态无限制	满足整个滑动土体整体力矩平衡方程及条块水平、竖向及力矩平衡方程	垂直分条
4	斯宾塞法	假定法向条间力和切向条间力之间有一固定常数关系	假定为圆弧	满足整个滑动土体的水平、铅垂方向的平衡方程和整体力矩平衡方程,以及土条在垂直和平行土条底部方向上的力的平衡方程	垂直分条
5	摩根斯坦-普赖斯法	假定法向条间力和切向条间力之间存在着一个对水平方向坐标的函数关系	对滑面形态无限制	满足整个滑动土体的整体力矩平衡方程、土条的力矩平衡方程以及土条在垂直和平行土条底部方向上的力的平衡方程	垂直分条

续上表

序号	类 别	对条间力的假定	对滑面形态的限制	所满足的力平衡方程	条分方式
6	沙尔玛法	假定切向条间力与按边坡稳定系数调整后的界面抗剪强度相等	对滑面形态无限制	满足整个滑动土体的整体力矩平衡方程、土条力矩平衡方程和土条在铅垂和水平方向上力的平衡方程	垂直分条和斜向分条
7	不平衡推力传递法	假定条间力倾角为后一土条底面倾角	对滑面形态无限制	满足整个滑动土体的整体力矩平衡方程以及土条在垂直和平行土条底部方向上力的平衡方程	垂直分条
8	美国陆军工程师团法	假定条间力倾角与平均坡角相同	对滑面形态无限制	满足整个滑动土体的整体力矩平衡方程和土条在铅垂和水平方向上力的平衡方程	垂直分条
9	罗厄-卡拉菲尔斯法	假定条间力倾角为后一土条坡面倾角与底面倾角的平均值	对滑面形态无限制	满足整个滑动土体的整体力矩平衡方程和土条在铅垂和水平方向上力的平衡方程	垂直分条

1.6 非饱和土强度变形特性

土体的稳定性在很大程度上取决于土的抗剪强度指标[68]。正确确定和使用土的强度指标,既需要有丰富的工程经验,也需要清楚土力学概念[69]。由于直剪试验不能反映土的真实受力状态,为了能够较为全面地反映工程实际,许多学者进行了大量的室内三轴试验,研究了基质吸力、饱和度(含水率)、干密度(压实度)和剪切速率等因素对土的力学特性影响。

陈正汉等[70]进行了不同应力路径的三轴试验,分析了应力路径对重塑非饱和黄土变形和水量变化的影响,得出不同基质吸力作用下有效内摩擦角的差别不大,可认为与饱和土的有效内摩擦角相等。卢肇钧等[71]通过理论分析和试验研究,提出非饱和土抗剪强度由真凝聚力、外力所导致摩擦强度和吸力所导致吸附强度组成,建议采用膨胀力代替吸力进行抗剪强度的研究。姜洪伟等[72]在理论分析和试验研究的基础上,提出不排水抗剪强度随剪切速率的提高而提高。卢再华等[73-74]进行了膨胀土的三轴剪切试验和细观分析,认为原生裂隙和软弱面是膨胀土抗剪强度的决定因素,并定义了一个基于 CT 数据的原状膨胀土的损伤变量。熊承仁等[75]进行了三轴不排水剪切试验,分析了土的黏聚力、内摩擦角与饱和度的关系。韩华强等[76]提出用饱和度来代替基质吸力来研究膨胀土的强度和变形。贾其军等[77]对非饱和土体的微观结构进行了研究,分析了土颗粒间吸力与吸附强度的关系。吴明等[78]分析了单剪和直剪试验中强度指标的差异。齐剑峰等[79]对饱和黏土进行了不排水剪切试验,认为在不排水条件下,土体的应力-应变关系受剪切速率的影响较大。马少坤等[80]提出将土的总强度指标与饱和度相联系,地基承载力随饱和度的减少呈近似线性增加。刘华强等[81]进行了室内直剪试验,得出裂隙对土的黏聚力影响较对内摩擦角的影响大。

1.7 非饱和土持水和渗水特性

土-水特征曲线 SWCC(Soil-Water Characteristic Curve)的概念来源于土壤学和土壤物理学,表示土壤水的能量和数量之间的关系[82]。在非饱和土力学中,土-水特征曲线为描述土的含水率(或饱和度)与基质吸力之间的关系建立了桥梁,其数学模型也是非饱和土的本构关系之一。黄义等[83]分析了非饱土微观孔隙的分布规律,指出土-水特征曲线方程可表示为基质吸力的负指数项与常数项的叠加。栾茂田等[84]提出了等效基质吸力的概念,其受饱和度的影响并不显著。付晓莉等[85]用离心机法测试了土-水特征曲线,分析了重度对土-水特征曲线模型参数的影响。徐炎兵等[86]提出了一个数学模型,分析了干湿循环后的残余气体量对土-水特征曲线的影响。卢应发等[87]进行了试验研究,分析了土的物质成分和塑性指数等对土-水特征曲线的影响。王宇等[88]进行了理论分析,提出了一个土-水特征曲线的理论表达式。汪东林等[89]进行了试验研究,分析了应力历史和应力状态对土-水特征曲线的影响。蔡国庆等[90]进行了理论推导和试验研究,提出应考虑温度对湿润系数的影响。周葆春等[91]进行了试验研究,提出用 Fredlund 公式预测非饱和土的抗剪强度时需考虑应力状态的影响。苏万鑫等[92]将土-水特征曲线与固结方程相结合,建议了一种非饱和土一维固结计算方法。张雪东等[93]分析了孔隙比对土-水特征曲线的影响,并提出了不同初始孔隙比下土-水特征曲线的预测方法。

然而,以上对土-水特征曲线的研究仅反映了含水率与吸力的关系(即 w-s 关系),而在实际工程中,非饱和土的应力状态十分复杂。黄海等[94]通过试验研究,发现非饱和土的含水率与净平均应力有关,提出了广义土-水特征曲线的概念,建立了同时考虑吸力和净平均应力影响(即 w-s-p 形式)的广义土-水特征曲线。方祥位等[95-96]用净平均应力和吸力等于常数、偏应力增大的三轴排水剪切试验,探讨了剪切对非饱和土水量变化的影响,建立了能同时考虑基质吸力、净平均应力和偏应力影响(即 w-s-p-q 形式)的土—水特征曲线。苗强强等[97]利用非饱和土四联固结仪和非饱和土三轴仪,对非饱和含黏砂土进行了考虑净竖向压力和净平均应力影响的土-水特征曲线研究。

"w-s-p-q"四变量形式的土—水特征曲线的表达式为:

$$w = w_0 - \frac{1 + e_0}{d_s}\left[\frac{p}{K_{wpt}} + \frac{\lambda_w(p)}{\ln 10}\ln\left(\frac{s + p_{atm}}{p_{atm}}\right) + \frac{q}{K_{wqt}}\right] \tag{1.29}$$

式中:K_{wpt},K_{wqt}——分别表示与净平均应力、吸力和偏应力相关的水的切线体积模量。

为了确定 K_{wpt}、H_{wt} 和 K_{wqt},需要开展三种试验:①控制吸力的三轴各向等量加压试验;②控制净平均应力的三轴收缩试验;③同时控制吸力和净平均应力的等 p 试验。在以往进行的①、②两种试验中,为了简化,将未施加偏应力的状态作为初始状态;在试验③中,也仅在某个净平均应力下进行了研究,却未全面考虑偏应力和净平均应力对土-水特征曲线的影响,并在此基础上认为 K_{wpt}、$\lambda_w(p)$、K_{wqt} 为常数。

实际上,应力状态和应力路径对土-水特征曲线均有较大影响,相关的研究成果并不多见,而控制不同偏应力的三轴各向等量加压试验和三轴收缩试验、考虑不同净平均应力影响的等 p 排水剪切试验,至今未见报道。

非饱和渗透系数是定量研究非饱和土渗水特性的关键问题。陈正汉等[98]用自制设备研究了非饱和压实黄土的渗水、渗气性能以及孔隙水压、孔隙气压在三轴剪切过程中的演化规律,并结合理论分析提出了一套计算非饱和土水分扩散度和渗水系数的公式。徐永福等[99]通过理论分析,提出可用饱和渗透系数和非饱和土在不同压应力下的进气值,来预测不同压应力下的非饱和渗透系数。高永宝等[100]进行了试验研究,得出干密度对非饱和土渗水、渗气系数有较大影响。叶为民等[101]对非饱和软土进行了试验研究,预测了其非饱和渗透系数,分析了粒径对相对渗透系数的影响。苗强强[102]利用自制的非饱和土毛细水上升装置和测试基质势对水分运移影响的装置,发现毛细水上升湿润峰与时间呈幂指数关系,得出了非饱和含黏砂土的渗水系数与基质吸力的关系。梁爱民等[103]对非饱和渗水系数量测装置进行了探索,分析了非饱和渗透系数理论表达式的应用。张文杰等[104]预测了非饱和垃圾土的渗水系数,并与实测值进行了对比分析。刘奉银等[105]通过试验,整理得出重塑非饱和黄土在不同干密度下的渗水、渗气系数比与饱和度的关系。赵彦旭等[106]通过试验,得出干密度对非饱和渗透系数的影响主要体现在低吸力区段。

非饱和土的持水特性与渗水特征是研究非饱和土渗流以及多场流固耦合等领域的重要研究内容,这对非饱和土边坡稳定性分析有着举足轻重的作用。南水北调中线工程渠坡地基处于非饱和-饱和转变过程,涉及了地基土的持水特征和渗水特性,只有掌握这些重要特征才能为进一步准确分析渠坡渗流场和稳定性提供科学依据。

1.8　本书主要研究内容

南水北调中线工程引水渠坡地基涉及膨胀土、膨胀岩和粉质黏土等,粉质黏土主要用于换填膨胀土和膨胀岩,有利于保护引水渠坡的安全使用。国内外关于膨胀土和膨胀岩以及粉质黏土基本特性的研究已经取得了较多成果,这为相应工程建设提供了重要借鉴。然而,大量研究表明膨胀土工程破坏问题都与裂隙的存在有关,膨胀土裂隙的细观试验研究却较少,有必要从细观上深入研究膨胀土的裂隙性。膨胀岩干湿循环对其水力性质的影响也鲜有述及,非饱和粉质黏土水力作用下的力学变形特征研究仍然需要进一步完善,这些关键水力特性对南水北调中线工程引水渠的稳定性具有重要的影响。

因此,本书以南水北调中线工程膨胀土区域引水渠建设为工程背景,对典型膨胀岩土以及换填粉质黏土为研究对象,以非饱和土力学理论为研究基础,通过现场调查、试验研究、理论分析、数值计算等手段,对膨胀岩土水力作用下细观结构特征和力学响应以及非饱和换填粉质黏土关键水力特性展开系统的试验研究和理论分析,主要研究内容有以下几个方面:

(1)掌握膨胀土干湿循环过程宏细观反应特征,揭示干湿循环过程中膨胀土裂隙的产生、闭合以及扩展规律;认识裂隙膨胀土在三轴浸水过程中细观结构演化规律,探讨膨胀土水力作用下的裂隙演变规律。

(2)揭示结构损伤对非饱和膨胀土屈服特性的影响规律,探究结构损伤与膨胀土屈服应力之间的关系,为建立膨胀土结构损伤模型提供新思路。

(3)揭示干湿循环对膨胀岩渗透特性和土-水特征曲线的影响;探究换填粉质黏土在不同干密度下的土-水特征曲线和渗水特性;获取换填粉质黏土广义土-水特征曲线。

(4)进行换填粉质黏土三轴不排水抗剪强度、三轴固结排水抗剪强度和三轴等 p 固结排水抗剪强度特性试验研究,获取不同初始力学条件下的粉质黏土强度参数,为本构模型建立和渠坡稳定性分析提供参数依据。

(5)分析非饱和粉质黏土一维压缩变形以及湿化特性,构建排水、不排水条件下非饱和土湿化变形计算新方法;探究不同基质吸力和含水率下的非饱和粉质黏土的湿化变形规律。

(6)构建一种描述非饱和土应力-应变特性的新非线性模型,描述非饱和粉质黏土的力学变形特性。利用新模型对已有试验进行模拟和验证,为非饱和土非线性本构模型发展提供有益思路。

(7)开展南水北调中线渠坡滑塌现场水文地质调查,进行渠坡渗流场和稳定性数值计算,提出渠坡改进设计优化方案。

第2章 非饱和膨胀土裂隙细观结构演化特征

修建在膨胀土地区的建筑物经常发生破坏,给国家和人民的财产造成了巨大的损失,工程界如何解决膨胀土引起建筑物的变形和失稳等问题变得越来越迫切。只有不断认识、完善和发展膨胀土理论知识,研究膨胀土破坏机理,找到合适的、能反映膨胀土自身特性的本构模型,才能对膨胀土的变形和失稳做出正确的预报,对实际工程的建设起到指导性的作用。因此,开展膨胀土裂隙性动态研究具有重要的学术价值和实际意义。

大量膨胀土工程破坏问题都与水有关,而裂隙的存在为水渗入土中提供良好的通道。卢再华等[107]利用 CT 技术对南阳重塑膨胀土在多次干湿循环结束时裂隙的演化进行了细观试验研究,但对试样增湿过程裂隙如何演化没有测试分析。刘祖德[108]、袁俊平[109]对膨胀土进行了浸水试验,但未涉及浸水后裂隙的演化过程。雷胜友等[27]研究表明在一定围压下浸水,安康原状膨胀土裂隙不断发育、扩展直至贯通。但因他们只做了一个试验,无法定量分析裂隙的演化规律。汪时机等[110]对预先制造孔洞的膨胀土进行加载 CT 扫描,研究了孔洞在加载过程中的演化规律,但没有涉及膨胀土的裂隙特征;袁俊平等[111]采用模拟降雨和自然风干的试验手段,通过实时 CT 扫描揭示了裂隙的产生过程,并以变异系数来描述裂隙发育规律,但没有针对受外部荷载情况下的裂隙演化特征进行研究。

膨胀土的裂隙演化与干湿循环、荷载状态和浸水条件等因素密切相关,以往成果中鲜有全面涉及这些因素如何影响膨胀土裂隙生成和闭合的全过程的,而且内部裂隙结构特征更是鲜有提及。本章旨在利用 CT 技术,跟踪观察膨胀土湿胀干缩过程中试样内部细观结构变化,分析膨胀土裂隙在干湿循环过程中的生成以及在浸水和外荷作用下的闭合全过程[112],对干湿循环后的裂隙膨胀土进行 CT-三轴浸水试验[113],研究具有初始裂隙的膨胀土结构在浸水过程中的变化情况,并进行定量分析,为进一步认识裂隙对膨胀土力学特性的影响提供一定的参考,同时也为裂隙引发膨胀土地区工程事故分析提供一定思路。

2.1 试验设备介绍

2.1.1 CT-多功能土工三轴仪

中国人民解放军后勤工程学院陈正汉教授建立了汉中 CT-三轴科研工作站(图 2.1),并对 CT 机配套的非饱和土三轴仪进行了改进,升级为多功能土工三轴仪[114-116](图 2.2)。

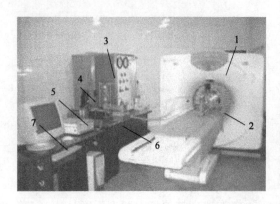

图 2.1　CT-三轴科研工作站

图 2.2　多功能土工三轴仪

1-CT 机;2-台架与压力室;3-水、气、电路控制柜;4-精密体变量测装置;5-步进电机、驱动器及调压筒;6-GDS 压力/体积控制器;7-计算机及数据采集系统

该仪器采用模块组合结构,主要由台架与压力室、轴向加载部件、轴向荷载与轴向变形量测元件、轴向荷载与轴向变形控制系统、水-气-电路控制柜、精密体变量测装置、排水体积量测装置、孔隙水压力与孔隙气压力量测元件、计算机与数据采集处理系统等组成[117]。

CT-三轴试验采用了 GE 公司生产的 ProSpeed AI 型 X 射线单排螺旋 CT 机,该机具有快速、薄层(1mm)扫描的高分辨率能力,且图像质量好,并具有高智能、自动化、低毫安、自动网络传输等特点。关于 CT 机的基本结构、主要技术指标、工作原理等见参考文献[118]。

2.1.2　湿陷/湿胀三轴仪

陈正汉等为了研究吸力对黄土湿陷变形和膨胀土湿胀变形的影响,研制了一套可以控制吸力的非饱和土湿陷/湿胀三轴仪[114-116]。这套三轴仪不仅可进行控制吸力的三轴湿陷或湿化试验,也可对膨胀土进行控制吸力为常数的三轴湿胀试验,还可进行不涉及吸力降低的其他应力状态的非饱和三轴试验。

该三轴仪最大特点是对原有多功能土工三轴仪底座进行了改造,既能控制吸力,又能浸水,并将 GDS 压力/体积控制器相结合,实现了浸水过程中量测浸水体积的功能,可施加浸水压力。仪器主要构造如下:

(1)湿陷/湿胀底座。压力室底座具有特殊的构造(图 2.3),它既能浸水又能控制吸力。该底座是针对直径为 39.1mm 的试样设计的,分为内外两部分。内部是半径为 10.55mm、进气值为 5bar 的陶土板。陶土板下面的底座上刻有 2mm 宽、2mm 深的螺旋槽。外部是铜圈,铜圈的内径为 12.6mm、外径为 19.55mm,铜圈上均匀分布着半径为 0.5mm 小孔。陶土板和铜圈的中间为 2mm 宽的铝质隔墙。铜圈下的底板上刻有 2mm 宽、2mm 深的环形槽,环形槽中有一直径为 2mm 的孔,此孔连通浸水阀门,用于浸水,浸水结束后用于排水。由于非饱和土渗透系数小,试验时间长,试验过程中,空气通过孔隙水和陶土板中的水扩散,影响试样排水体积的精确测量,通过螺旋刻槽可将扩散气泡冲走,减小排水体积量测误差。这样底座既可通过陶土板控制吸力,又可从铜圈上的小孔处浸水。

(2)浸水饱和所用的装置为 GDS 压力/体积控制器(图 2.4)。浸水饱和时用一个标准的

GDS压力/体积控制器连接浸水阀门,其压力最大值可达2MPa,容积为1000cm³。其压力量测精度可达1kPa,体积量测精度可达1mm³。该控制器可实现常水头下的浸水,可根据浸水难易程度调节压力控制浸水速度。

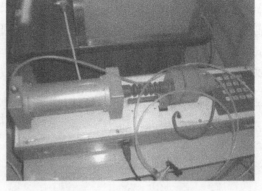

图2.3　湿陷/湿胀底座　　　　　　　图2.4　GDS压力/体积控制器

2.2　使用符号说明

为叙述方便,采用以下符号描述三轴应力状态:

$$p = \frac{\sigma_1 + 2\sigma_3}{3} - u_a \tag{2.1}$$

$$q = \sigma_1 - \sigma_3 \tag{2.2}$$

$$s = u_a - u_w \tag{2.3}$$

式中:p,q,s——分别为净平均应力、偏应力和吸力;

σ_1,σ_3——2个主应力;

u_a,u_w——分别是孔隙气压力和孔隙水压力。

用$\varepsilon_v,\varepsilon_s,\varepsilon_w$分别表示试样的体应变、偏应变和水相体变,定义如下:

$$\varepsilon_v = \frac{\Delta V}{V_0} = \varepsilon_1 + 2\varepsilon_3 \tag{2.4}$$

$$\varepsilon_s = \frac{2}{3}(\varepsilon_1 - \varepsilon_3) \tag{2.5}$$

$$\varepsilon_w = \frac{\Delta V_w}{V_0} \tag{2.6}$$

式中:$\Delta V, \Delta V_w, V_0$——分别表示试样的体积变化量、水的体积变化量和试样的初始体积;

$\varepsilon_1,\varepsilon_3$——分别是大主应变和小主应变;

$\varepsilon_v,\varepsilon_w$——分别通过以下两式与土的比容$v(v = 1 + e, e$是孔隙比)和含水率$w$相联系,即:

$$v = (1 + e_0)(1 - \varepsilon_v) = v_0(1 - \varepsilon_v) \tag{2.7}$$

$$w = w_0 - \frac{1 + e_0}{G_s}\varepsilon_w \tag{2.8}$$

式中:e_0, w_0, G_s——分别为试样的初始孔隙比、初始含水率和土粒的相对密度。

2.3 试 样 制 备

试验所用膨胀土土料取自河南南阳陶岔南水北调中线工程渠坡,土样呈棕黄色,自由膨胀率为80%。土料以<0.01mm的细粒为主,其中<0.005mm黏粒质量分数达到24%,矿物组成主要有33%的伊利石、约19%的蒙脱石以及6%的高岭石。土料经过2mm筛后,重塑制样,试样直径为39.1mm,高度为80mm,横截面面积为12cm^2,初始体积为96cm^3。试样的初始参数如表2.1所示。

试样的初始参数   表2.1

相 对 密 度	干密度 ρ_d (g/cm^3)	含水率 w (%)	饱和度 S_r (%)	孔隙比 e
2.73	1.55	24.70	88.58	0.76

2.4 试 验 方 案

试验分为2个阶段,共制备4个重塑膨胀土试样。先对制好的重塑膨胀土试样进行干湿循环试验,以形成有初始裂隙结构的试样,并对干湿循环过程进行实时CT扫描;接着对具有裂隙结构的膨胀土试样进行CT-三轴浸水试验,根据浸水量进行实时动态CT扫描。

2.4.1 干湿循环试验

试样在35℃恒温无鼓风状态下干燥24h,用水膜转移法将试样的目标饱和度统一控制为起始值88.58%。试样增湿分三次进行,每次增湿间隔数小时。增湿结束后每12h翻动一下土样,在保湿罐中放置72h以上,让水分均匀。

将制样结束后的状态作为初始条件,干燥后的状态为第1次干湿循环,再增湿和干燥为第2次干湿循环。根据试验要求及试样裂隙发育情况共做了3次干湿循环,并进行了6次CT扫描,观测试样内部裂隙发育及闭合情况。

2.4.2 三轴浸水试验

试样经历3次干湿循环后裂隙发育较明显,再对其进行CT-三轴浸水试验。试样浸水前的初始参数和应力状态见表2.2。试样浸水前先在一定围压下固结,稳定标准为体变每2h变化不超过0.0063cm^3,排水1h不超过0.012cm^3。由于试样排水量很小,故主要以体变为稳定判断依据。

试样浸水前的初始参数和应力状态   表2.2

试 样 编 号	干密度 ρ_d (g/cm^3)	含水率 w (%)	围压 σ_3 (kPa)	偏应力 q (kPa)
1 号	1.78	4.74	50	50
2 号	1.79	4.61	50	100
3 号	1.77	4.70	100	50
4 号	1.76	4.66	100	100

固结稳定后启动步进电机,施加偏应力,直至试验所要求的偏应力值,该过程稳定标准为轴向位移 1h 不超过 0.01mm,体变每 2h 不超过 0.0063cm³。偏应力稳定过程中剪切速率选为 0.0167mm/min;而浸水过程中为了控制偏应力为定值,要求较快速率,经过反复比较,浸水时剪切速率选为 0.2mm/min。浸水试验采用了湿胀三轴仪,具体参数见前文 2.1.2 节,仪器使用一个标准的 GDS 压力/体积控制器,极大提高了试验测试精度[119]。

由于试验后期浸水量较小,用时较长,经过反复比较,反压取 20kPa。施加反压时同步提高围压,使得净围压保持不变。浸水过程的稳定标准为:体变在 2h 内不超过 0.0063cm³,并且浸水量等于出水量。浸水时从仪器底座的铜圈上小孔进水,从试样帽排水管排水。为了加速浸水过程,在试样周边贴 6 张滤纸条。滤纸条高 7.5cm、宽 0.6cm。

2.4.3 CT 扫描及成像原理

CT 机得到的物体某断面每个物质点的吸收系数 μ 按下式换算成 CT 数[118]:

$$\text{某物质的 CT 数} = 1000 \times \frac{\mu_{\text{该物质}} - \mu_{\text{H}_2\text{O}}}{\mu_{\text{H}_2\text{O}}} \tag{2.9}$$

即某物质的 CT 数等于该物质的吸收系数与水的吸收系数的比值的 1000 倍,其单位为 HU(Housfield Unit)。空气、水的 CT 数分别为 -1000HU、0。在得出 CT 数与物质密度的统计规律后,即可通过物质的 CT 数反算物质的密度。物质的密度越大,其 CT 数越大。最后根据断面上选定区域所有物质点的 CT 数,按有关规范统计该区域的总体 CT 值 ME 和一定信水平的方差值 SD。ME 反映了选定区域所有物质点的平均密度,单位 HU(本书中提到的 ME 均以此为单位,不再逐个标注),SD 则反映了该区域所有物质点密度的不均匀程度,间接反映了该区域的结构性强弱。CT 数本质上反映密度,方差表示损伤种类(空洞或微裂隙)的发育程度。

扫描的图像要选择适当的窗宽、窗位。窗宽是指显示图像时所选用的 CT 值范围,在此范围内的物质按其密度高低从白到黑分为 16 个等级(灰阶)。窗位是指窗宽上下限 CT 值的平均数。因为不同物质的 CT 值不同,观察其细微差别最好选择以该图像的 CT 值为中心进行扫描,这个中心即窗位。窗位的高低影响图像的亮度:窗位低,图像亮度高呈白色;窗位高,图像亮度低呈黑色[118]。对不同的试验根据视觉要求设定不同的窗宽和窗位。不同的窗宽和窗位不影响试样的 CT 扫描数据。

1)干湿循环试样扫描

设定试样中间线为扫描 0 点,扫描上 1/3 和下 1/3 两个截面,分别代表 b 截面和 a 截面(图 2.5)。得到相应的 CT 数 ME 和方差 SD。每个试样共进行了 6 次扫描,一共取得 48 张图像。干湿循环扫描图像窗宽统一设置为 400,窗位根据需求一般设置在 1600 左右。CT 机扫描参数见表 2.3(所用 CT 机扫描参数与表 2.3 均相同)。

图 2.5 干湿循环截面扫描位置

		CT 机扫描参数		表 2.3
电压(kV)	电流(mA)	时间(s)	层厚(mm)	放 大 系 数
120	165	3	3	5

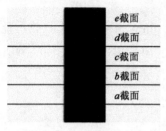

图 2.6 浸水试验截面扫描位置

2)浸水试验扫描

浸水试验与干湿循环试验的 CT 扫描参数相同。试样固结和施加偏应力平衡后,对试样扫描 1 次,作为初始状态。浸水5g、10g、15g、20g(4 号试样浸水17g)各扫描 1 次,每次分 5 个截面,用 a、b、c、d、e 表示(图 2.6),分别距试样底部 13.5mm、26.5mm、40mm、53.5mm、66.5mm。在 2 号试样浸水过程中 CT机器出现故障,当浸水 15g 时只扫描了 a、b 两个截面。4 个试样一共取得 92 张图像。

浸水试验扫描图像统一设定窗宽为 500,1 号、2 号试样窗位为 1450;3 号及 4 号试样的前三次扫描图像窗位仍设定为 1450,后两次因试样密度提高设定在 1480 或 1500。

2.5　干湿循环试验结果分析

2.5.1　干湿循环过程宏观反应分析

整个试验过程共增湿 2 次、干燥 3 次,试样产生不同程度的裂隙和裂纹。总体来看,1 号试样、2 号试样和 3 号试样产生纵向裂隙并直接贯通整个试样,形成主裂隙,次生裂隙伴随主裂隙产生;横向裂隙产生后连通纵向裂隙,形成裂隙网格;而 4 号试样主裂隙没有贯通试样,大裂隙之间相互交错。

试样第 1 次干燥后与原试样相比较并未产生裂隙或微裂纹,只是体积相应地减小。而第1 次增湿后在保湿罐封闭 72h 后,试样不同程度出现裂隙、裂纹和孔洞。试样第 2 次干燥后裂隙不断扩展,裂缝宽度变大。总体上看,试样裂隙的产生主要由于试样第 1 次干燥后接着增湿造成试样表面产生裂纹;试样第 2 次干燥后主裂隙比前一个试样宽度减小;试样第 3 次增湿并在保湿罐放置 72h 后,主裂隙直接贯通整个试样,伴随产生次生裂隙。

图 2.7 中 a)、b)、c)和 d)分别是 1 号试样第 1 次增湿后至第 3 次干燥后的裂隙开展及闭合情况。图中第 1 次增湿后,试样上端先产生裂隙,而试样下端并没有出现大裂隙,只有少量孔洞出现,这是增湿过程中水从原试样小孔洞渗入不断扩大的原因。第 2 次干燥后,试样上的裂隙扩展并有向四周延伸的趋势,但裂隙宽度相应变小。第 2 次增湿后,试样表层发生了明显的变化,原有裂隙和孔洞继续扩展和加深。一条新生裂隙直接贯通整个试样,并形成主裂隙,但试样中间部位裂隙发育并不明显;主裂隙周围伴随着萌生微裂纹。试样再次干燥后,由于试样失水收缩、体积变小,主裂隙宽度变小并且中段裂隙闭合。

  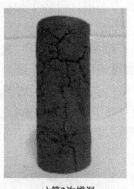 

a)第1次增湿   b)第2次干燥   c)第2次增湿   d)第3次干燥

图2.7 1号试样侧面照片

图2.8是2号试样干湿循环过程中裂隙发育及闭合情况。与1号试样相比,2号试样第1次增湿后土样表层已出现一条主裂隙,次生裂隙的产生比较少,没有形成裂隙网格;但试样再次干燥后,主裂隙明显向试样底部扩张,裂隙宽度也随之扩大。试样第2次增湿后,原有主裂隙已贯通整个试样,次生裂隙明显产生并向四周扩展。而试样第3次干燥后,试样裂隙并未受土样失水收缩的影响,裂隙宽度无太大变化。

  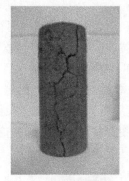

a)第2次干燥   b)第2次增湿   c)第3次干燥

图2.8 2号试样侧面照片

图2.9是2号试样底面裂隙开展及闭合情况。由于底面面积较小,试样第1次增湿后已形成3条相互交错裂隙;试样第2次干燥后,主裂隙周围产生次生裂隙并且不断延伸;试样第2次增湿后,体积产生膨胀,土颗粒填塞微小裂纹,次生裂隙闭合;试样第3次干燥后,试样微裂纹局部再次产生,主裂隙较前者变宽。

a)第1次增湿   b)第2次干燥   c)第2次增湿   d)第3次干燥

图2.9 2号试样上底面照片

图 2.10 是 3 号试样干湿循环过程中裂隙发育及闭合情况。3 号试样主裂隙形成主要发生在第 1 次增湿后,试样上端产生一条裂隙,垂直长度有 60mm,最宽处在试样顶端约 1mm。可能由于该试样顶端处有较多亲水性物质,遇水后迅速膨胀。试样第 2 次干燥后,主裂隙明显扩大并且向下延伸;主裂隙周围产生次生裂隙。由于试样失水收缩,并且有一条裂隙存在,破坏了试样的整体性和完整性。试样第 2 次增湿后,原有主裂隙并没有贯通整个试样,而是在原有主裂隙接近末端处有一条新生裂隙与原有主裂隙连接,并贯通整个试样。裂隙宽度较前者明显增大,主裂隙周围形成横向次生裂隙。主裂隙的存在让水分更容易在裂隙处渗入土样,造成裂隙的扩大和延伸。

a)第1次增湿　　　　b)第2次干燥　　　　c)第2次增湿　　　　d)第3次干燥

图 2.10　3 号试样侧面照片

图 2.11 和图 2.12 分别是 3 号试样上、下底面裂隙发育及闭合情况。试样干燥后,裂隙明显发育,原有裂隙扩大,伴随产生次生裂隙并连通形成网格;而试样增湿后次生裂隙闭合。图 2.12 显示 3 号试样第 2 次增湿后,下底面原有裂隙闭合,形成新的主裂隙。3 号试样由于土样裂缝较宽,试样再次干燥后,比前一个湿样裂隙宽度加大。土样收缩后,裂缝并没有明显收缩而且裂隙宽度更大。由图 2.11 看出,3 号试样在第 1 次增湿后,底面裂隙已产生,随着干湿循环进行,主裂隙并没有太大的变化;试样第 2 次干燥后,微裂纹产生,但试样第 2 次增湿后微裂纹消失,这是由于增湿后体积膨胀造成的。

a)第2次干燥　　　　　b)第2次增湿　　　　　c)第3次干燥

图 2.11　3 号试样上底面照片

a)第2次干燥　　　　　b)第2次增湿　　　　　c)第3次干燥

图 2.12　3 号试样下底面照片

从图2.13可看出,4号试样从第1次增湿至第3次干燥,没有形成贯通整个试样的裂隙。4号试样与1号试样有相似之处,第1次增湿后,试样上部龟裂产生裂纹;干燥后因试样蒸发失水,裂缝及裂隙有所扩大和延伸。初始状态下发展的裂缝是呈网状分布的随机性龟裂,随着水分的进一步蒸发,一些裂缝以较快的速度继续扩张,还会生成一些新的较小的裂缝,以致最后形成叶脉状分布的裂缝,大裂缝较多,小裂缝较少。从图2.14中可以看出,试样第2次干燥和第2次增湿存在明显的差别,显示试样裂隙的产生主要发生在这个过程。

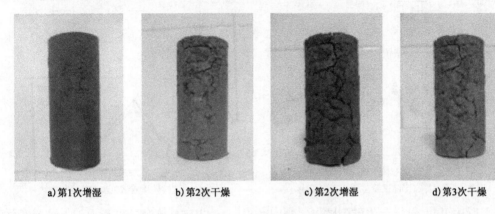

a) 第1次增湿   b) 第2次干燥   c) 第2次增湿   d) 第3次干燥

图2.13 4号试样侧面照片

a) 第1次增湿   b) 第2次干燥   c) 第2次增湿   d) 第3次干燥

图2.14 4号试样下底面照片

从表2.4、表2.5及图2.15、图2.16中可知,试样第1次干燥,体积和高度变化较大,试样随着增湿和干燥次数的增加,体积和高度均增大,即向原试样体积和高度靠拢。随着试验操作的进行,试样体积和高度变化逐渐趋于稳定,但试样高度和体积不会回到原有的尺寸。3号试样高度和体积在图中变化较明显,这与所得的CT图像及扫描数据结果相吻合。

试样高度变化数据   表2.4

高度(cm)	原 试 样	干燥1次	增湿1次	干燥2次	增湿2次	干燥3次
1号	7.99	7.60	7.75	7.63	7.81	7.68
2号	7.99	7.62	7.74	7.64	7.83	7.70
3号	7.99	7.61	7.78	7.67	7.86	7.73
4号	7.99	7.63	7.76	7.65	7.82	7.69

试样体积变化数据　　　　表 2.5

体积(cm³)	原 试 样	干燥 1 次	增湿 1 次	干燥 2 次	增湿 2 次	干燥 3 次
1 号	95.83	80.56	85.40	81.4	87.14	84.23
2 号	95.79	81.01	86.39	81.74	87.4	84.32
3 号	95.89	81.17	85.27	81.85	87.42	85.33
4 号	95.89	80.63	85.53	81.33	87.02	84.55

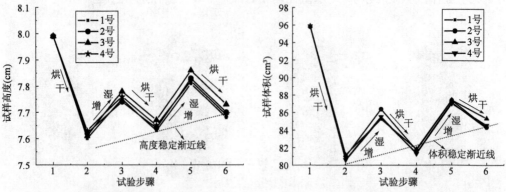

图 2.15　试样高度随试验步骤的变化曲线　　　图 2.16　试样体积随试验步骤的变化曲线

综上所述可知,试样产生的裂隙主要集中在表层,是由试样水分蒸发造成的。这与实际情况完全符合,膨胀土地区土样水分先通过地表蒸发,会产生大量的微裂纹,地表处最先遭到破坏,产生开裂现象。出现开裂现象时,一般初始裂隙规模延伸很短,开裂深度较浅;随着干湿循环的进行,原有的主裂隙不断扩大并向试样内部不断深入,在原有裂隙周边产生新的次生裂隙向四周扩散,次生裂隙的规模要小于主裂隙。主裂隙和次生裂隙在干湿循环过程中不断扩展、扩散直至贯通。试样的裂隙产生呈现不规则性和随机性。

试样主裂隙的形成主要发生在试样第 2 次增湿后,主裂隙的形成主要是由于试样表层渗入水而产生。增湿膨胀、失水收缩对膨胀土裂隙的产生及闭合都有影响。主裂隙随干湿循环过程不断扩展并向试样内部楔入,次生裂隙形成叶脉状并连接构成网格状分布。无约束条件下的试样浸湿和干燥都能引发裂隙的产生和闭合;试样增湿过程中,小裂隙会闭合,大裂隙会扩展,而干燥过程中,小裂隙会扩展,大裂隙会收缩变窄。由于试样干燥后大量水分消散,并留有较多裂隙,这为下次增湿时水分进入试样内部形成便利通道,使膨胀土表层更易吸水而软化,丧失吸力,降低强度,导致原有裂隙扩大并扩展。

2.5.2　干湿循环过程细观反应分析

试样整个截面的 CT 扫描数据反映试样在试验过程中的损伤程度。增湿过程中水分首先从试样外表面进入内部,外部已经损伤很大时而试样内部裂隙发育并不明显。有必要划分更小的区域来分析试样内部结构变化。如图 2.17 所示,将扫描的图像划分为两个部分,小圆面积控制在 305mm²,大圆即为全区。

图 2.18a) 和图 2.18b) 分别是 1 号试样上 1/3 和下 1/3 两个截面干湿循环过程的 CT 试验图像。比较试样经过干湿循环后两截面 CT 图像,可以清晰地看到,试样裂隙的出现主要是第 2 次增湿后,这与前文图 2.7 分析的结果一致。原样上下两个截面存在差异,上截面空洞多于

下截面,这与制样有关。

从图 2.18a)看出,试样第 1 次干燥后原试样内部空洞缩小,密实度增加。而试样第 1 次增湿后经过 72h 密闭,水分充分均匀后,内部原有空洞渗入水分,由于膨胀作用原有空洞处在图像上显示出更大黑点,这表明空洞增大。试样第 1 次增湿后,表层裂隙产生较多,而试样内部原有空洞扩大并有相互连通的趋势。试样第 2 次增湿后,表层裂隙已深入试样内部,可以清晰地看到有一条裂隙已经穿透整个试样,而边缘裂隙宽度变大,裂隙发育呈网状。试样第 3 次干燥后,由于试样的体积变小,边缘裂隙变窄,

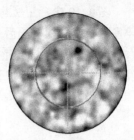

图 2.17 CT 图像划分区域

与第 2 次增湿后相比较裂隙闭合。图 2.18b)中,原试样第 2 次增湿后形成较大裂隙,裂隙有贯通试样的趋势;两相邻裂隙之间被另一条较宽裂隙连接,次生裂隙伴随主裂隙向四周扩散。试样内部已生成的空洞和微裂纹由于试样的膨胀作用而闭合。

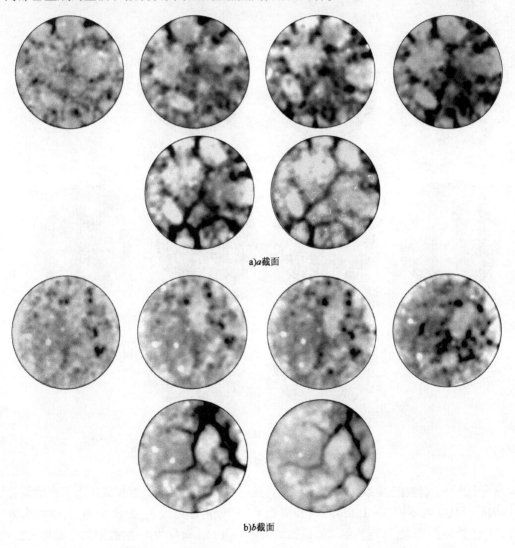

a)a截面

b)b截面

图 2.18 1 号试样干湿循环过程中 CT 图片

图 2.19 表示了 2 号试样两截面干湿循环过程中的裂隙变化情况。2 号试样内部裂隙主
要发生在第 2 次增湿后。而试样第 1 次增湿后,a 截面可以看出明显的贯通裂隙,这与试样上
端出现向下延伸裂隙有关(图 2.8)。b 截面不同之处在于,第 2 次增湿后试样内部裂隙明显
发育并贯通整个试样。试样第 3 次干燥后,试样面积减小,裂隙有所闭合,这与前面分析的试
样干燥后裂隙变化不太一致。试样增湿后裂隙发育变宽,干燥后裂隙收缩并且延伸。

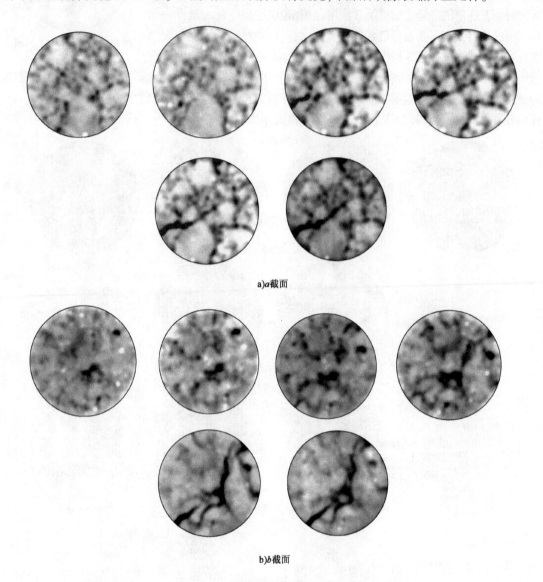

a)a 截面

b)b 截面

图 2.19　2 号试样干湿循环过程中 CT 图片

　　3 号试样与其他相比较为特殊(图 2.20),试样主裂隙的产生发生在试样第 1 次增湿并保
持均匀后。从宏观图片(图 2.10)以及相应的 CT 图像清晰地发现:首次干燥后,因为水分减
少,试样中的空洞变大,这与其他试样试验结果是一致的。试样第 1 次增湿后,体积迅速膨胀,
水分再次充满整个试样,孔洞伴随主裂隙的产生而发生缩小乃至闭合。

3号试样 *a* 截面[图2.20a)]第1次增湿,出现裂隙干燥后主裂隙有所闭合;试样第2次增湿后,试样表层主裂隙产生闭合,截面面积明显缩小。而试样第2次增湿后,由于试样的膨胀作用,主裂隙再次变宽,而表层裂隙彻底闭合。试样第3次干燥后,裂隙比第2次增湿后的更宽,而且次生裂隙再次发育出现,裂隙形状呈现"井"字形。3号试样 *b* 截面较其他试样多拍一层图像,共取得7个图像,即在第2次增湿12h后多拍一层图像[图2.20b)第5张]。与试样在保湿罐中保湿72h后相比,两者存在明显的区别。保湿12h水分未充分均匀,只保留在试样表层,由于膨胀土的湿胀特性,与第2次干燥相比,试样产生膨胀。试样表层裂隙闭合,内部裂隙贯通整个试样,次生裂隙发育明显。而试样保湿72h且待体积变化稳定后,取得的图像明显发现次生裂隙闭合、主裂隙宽度变大。这主要因为试样在保湿罐中放置时间较长、水分充分均匀。裂隙的产生还与时效性紧密相关。

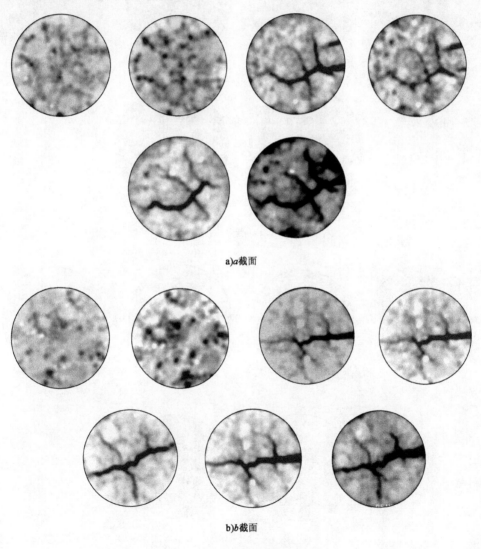

a)*a*截面

b)*b*截面

图2.20 3号试样干湿循环过程中CT图片

4号试样(图2.21)相似于1号试样,主裂隙的出现主要发生在第2次增湿均匀后。试样两个截面CT数ME迅速增大和方差SD急剧下降,反映此时试样的裂隙发育较大,密度减小。从图上看,试样第3次干燥后,试样裂隙宽度相比第2次增湿后变化不大,但小孔洞闭合,这与试样收缩有关。主裂隙的产生是在原有空洞聚集区基础上发育而来,空洞聚集区即试样薄弱区,增湿后水分进入空洞,而干燥后空洞中的水分再次流失。空洞的收缩与扩张,势必对空洞之间的土造成破坏,很容易使得空洞连接、贯通,主裂隙随之产生。

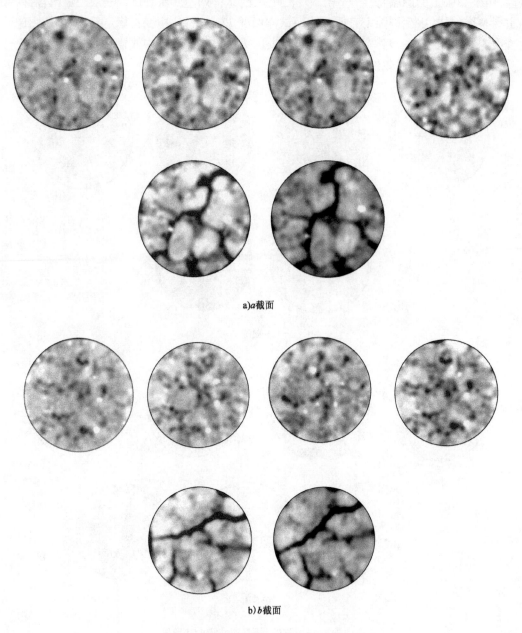

a)a截面

b)b截面

图2.21 4号试样干湿循环过程中CT图片

2.5.3　干湿循环 CT 扫描数据分析

4 个试样所得的 CT 数 ME 和方差 SD 分别列于表 2.6、表 2.7 中。4 个试样的大圆 CT 数 ME 和方差 SD 反映整个试样的裂隙发育情况;而小圆扫描数据的变化可以反映内部结构的调整。由图 2.22 和图 2.23 中可知,试样的剧烈变化发生在第 5 个试验操作环节即第 3 次增湿时。试样全区和小圆所得的扫描数据从整体来说没有太大的变化,只是局部产生一定的调整,这与 CT 图片结果相吻合。

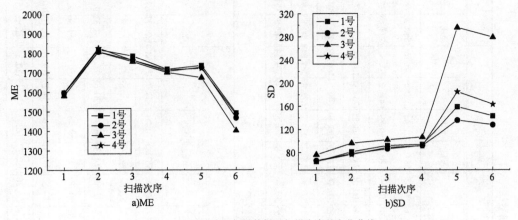

图 2.22　试样全区扫描数据随扫描次序的变化曲线

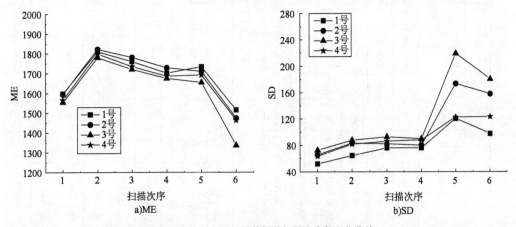

图 2.23　试样小圆扫描数据随扫描次序的变化曲线

图 2.22a)和图 2.23a)中 ME 值变化呈现"M"形,图中第 1 个峰值点是试样首次干燥所得,此时试样密度最大,相应 ME 值也最大。第 2 个峰值点出现的主要原因是试样此时裂隙发育较为明显,破坏了试样的整体性以及结构性。第 2 个峰值点没有第 1 个大,是由于损伤程度的加大虽然减小了 CT 数,但试样密度的增大同时也提高了 CT 数 ME。3 号试样没有出现第二个峰值点,这与其他试样有所不同,主要原因在于试样的损伤程度较大并且占据了主导优势。图 2.22b)和图 2.23b)中前 4 次操作值曲线提升缓慢,但第 5 次操作时出现一个峰值点,而且 3 号试样更为明显,这也反映了损伤越大,ME 越小,SD 越大的规律。裂隙发育及扩展情况决定试样 ME 和 SD 值的变化。

试样大圆 CT 扫描数据

表 2.6

试验步骤	1号试样大圆						2号试样大圆						3号试样大圆						4号试样大圆					
	ME_a	SD_a	ME_b	SD_b	ME均值	SD均值	ME_a	SD_a	ME_b	SD_b	ME均值	SD均值	ME_a	SD_a	ME_b	SD_b	ME均值	SD均值	ME_a	SD_a	ME_b	SD_b	ME均值	SD均值
1	1563.39	68.8	1629.63	59.94	1596.51	64.37	1561.73	84.08	1630.24	47.92	1595.99	66.00	1574.17	80.83	1587.38	71.48	1580.78	76.16	1580.28	68.65	1608	61.67	1594.14	65.16
2	1795.78	92.11	1839.24	69.95	1817.51	81.03	1792.15	91.25	1857.56	64.43	1824.86	77.84	1792.41	100.86	1820.03	90.89	1806.22	95.88	1774.68	87.67	1838.54	65.62	1806.61	76.65
3	1753.31	112.73	1815.9	70.79	1784.60	91.76	1719.96	105.4	1805.14	67.05	1762.55	86.23	1764.44	100.01	1745.48	103.31	1754.96	101.66	1726.45	92.64	1799.53	74.03	1762.99	83.34
4	1677.44	118.07	1754.11	69.12	1715.77	93.59	1672.73	114.95	1752.05	68.48	1712.39	91.72	1682.82	107.06	1715.26	105.49	1699.04	106.28	1667.65	94.98	1742.86	74.96	1705.26	84.97
5	1695.07	169.56	1773.32	168.04	1734.19	168.80	1693.78	143.3	1746.59	128.1	1720.19	135.70	1623.33	269.97	1722.33	321.7	1672.83	295.84	1700.85	180.25	1749.52	189.24	1725.19	184.75
6	1463.79	140.03	1520	146.12	1491.89	143.08	1500.55	122.3	1468.11	131.56	1484.31	127.80	1457.93	291.46	1345.05	266.79	1401.49	279.14	1442.85	154.25	1490.83	172.15	1466.84	163.20

试样小圆 CT 扫描数据

表 2.7

试验步骤	1号试样小圆						2号试样小圆						3号试样小圆						4号试样小圆					
	ME_a	SD_a	ME_b	SD_b	ME均值	SD均值	ME_a	SD_a	ME_b	SD_b	ME均值	SD均值	ME_a	SD_a	ME_b	SD_b	ME均值	SD均值	ME_a	SD_a	ME_b	SD_b	ME均值	SD均值
1	1577.66	54.9	1617.41	48.89	1597.53	51.89	1533.5	79.9	1597.19	47.51	1565.34	63.70	1543.72	74.9	1563.81	70.26	1553.76	72.58	1568.77	69.13	1594.51	62.39	1581.64	65.76
2	1794.18	73.67	1825.48	55.43	1809.83	64.55	1769.32	94.12	1828.16	69.43	1798.74	81.77	1761.32	87.17	1798.45	88.32	1779.88	87.74	1781.96	94.42	1821.84	72.38	1801.90	83.40
3	1746.93	83.71	1773.76	68.44	1760.34	76.07	1697.2	100.02	1772.54	72.27	1734.87	86.14	1739.89	88.61	1701.34	96.89	1720.61	92.75	1738.32	98.27	1781.09	66.26	1759.70	82.26
4	1668.09	93.85	1735.27	58.29	1701.68	76.07	1651.59	104.28	1721.25	71.99	1686.42	88.13	1646.63	90.01	1702.73	89.48	1674.68	89.745	1654.86	92.01	1728.28	68.17	1691.57	80.09
5	1681.45	120.87	1785.37	120.06	1733.41	120.46	1673.78	130.63	1710.24	130.63	1692.01	122.60	1638.23	203.59	1670.31	234.64	1654.27	219.11	1711.63	160.02	1710.25	187.11	1710.94	173.56
6	1485.07	98.91	1543.49	96.35	1514.28	97.63	1468.07	133.3	1456.61	113.28	1462.34	123.29	1358.34	194.36	1312.37	166.43	1335.35	180.39	1442.85	161.8	1472.86	154.25	1457.85	158.02

2.6 三轴浸水试验结果分析

2.6.1 三轴浸水试验宏观反应分析

4个试样试验后呈现不同的形态(图2.24):1号试样围压和偏应力较小,试样浸水饱和后没有发生破坏;2号试样发生剪切破坏,而且试验浸水未达到饱和,只浸水17g时试样轴向应变突增达到14.4%,这是试验偏应力较大、围压较小所致;3号和4号试样由于围压较大(100kPa),与前两个试样呈现不同的形态。这两个试样下端发生明显的鼓胀;4号试样浸水17g时,试样轴向变形快速增长达到15%,试样底部产生鼓胀。

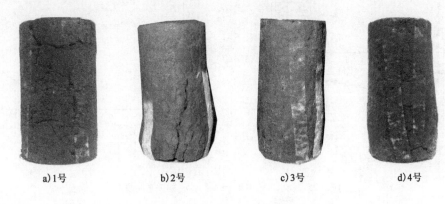

a)1号　　　　b)2号　　　　c)3号　　　　d)4号

图2.24　浸水试验后的试样照片

图2.25是4个试样浸水过程中体应变和轴应变的关系曲线。图中负的体变表示膨胀。从图中可知,4个试样体积变化有类似的规律,其变化可分为3个阶段:即体积首先压缩;之后产生膨胀;当膨胀达到峰值点后,试样又发生压缩变形。体积首先变小是由于试样浸水后裂隙表面的土粒膨胀,填充裂隙。随着水向试样内部进一步渗入,由于裂隙已被填满,土粒的膨胀引发试样的膨胀。文献[121]研究了南阳陶岔引水渠首重塑膨胀土的三向膨胀特性,土样干密度1.7g/cm³,含水率9.85%,竖向膨胀力达402kPa,水平膨胀力接近300kPa。膨胀力会随含水率减小和干密度的提高而增大。现研究的土样干密度比文献[121]中的高,而试样干燥后的含水率远低于文献[121]中的土样,因而浸水后水平膨胀力会大于300kPa。可见本次试验产生膨胀,是遇水后产生的膨胀力大于围压的所致;而试样产生压缩则是膨胀力的释放和变形模量的减小所致。

1号和2号试样的体积膨胀量大于3号、4号试样,这与1号和2号试样围压较小有关。1号试样浸水较快,饱和后就停止了试验,轴应变比较小;当轴应变超过1%后,试样体积膨胀趋于稳定并趋于压缩。2号试样轴应变达到8%之后,体应变又有一个轻微的减小,这主要是由于试样剪切带雏形已经形成,出现剪胀现象。3号试样轴应变达到2%、4号试样轴应变达到4%之后体积压缩,这与膨胀力释放、模量降低、试样被压缩有关。

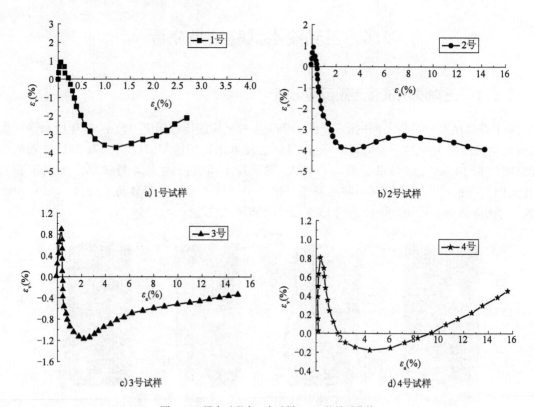

图 2.25　浸水过程中 4 个试样 ε_{v}-ε_{a} 的关系曲线

2.6.2　三轴浸水试验细观反应分析

图 2.26 ~ 图 2.29 分别代表 1 号、2 号、3 号和 4 号试样各截面试验过程中所得到的 CT 图像。由于 CT 机的故障 2 号试样只拍到 17 张图像,其余试样均为 25 张图像,4 个试样总共 92 张图像。图 2.26 ~ 图 2.28 中每个截面 CT 图像分别代表固结和偏应力平衡后(浸水 0g)、浸水 5g、10g、15g 和 20g;图 2.29 中最后一次 CT 图像是试样浸水 17g 时拍摄,其余与 1 号和 3 号试样试验一样。

根据 CT 扫描原理,CT 图像的灰度大小与相应部位的土样密度成正比。图像中白色高亮区域为试样密度较高的地方,黑色部分为试样的裂隙、空洞以及微裂纹存在的地方,这些区域往往由空气、水分填充,整体密度较低。重塑后的膨胀土由于分层压制,密度均匀;各截面 CT 数 ME 和方差 SD 差异较小,所得到的 CT 图像仅有少量微裂纹存在,土样结构密实。干湿循环后的土样,由于结构性已经严重破坏,裂隙发育明显,CT 图像中黑色部分分布错综复杂,白色高亮度部分较少。

图 2.26 是 1 号试样各截面不同浸水量时的 CT 扫描图像。比较各截面初始扫描状态图像,不同的截面裂隙发育和走向及空洞的排列都千差万别。裂隙和空洞呈不规则和随机性分布,说明干湿循环后试样损伤较大,结构处在松散状态。试样经第 2 次操作后拍摄到的图像与初始损伤状态差别较大,图像中黑色区域减少,白色区域增多,说明试样截面密度增长较快,这与 CT 扫描数据 ME 增大、SD 减小完全吻合。试样外部边缘的裂隙首先闭合以及试样边缘的

空洞面积减小,而试样内部裂隙和空洞闭合并不明显。外部边缘裂隙较大,浸水首先从外部裂隙进入土样,所以裂隙的闭合也先从外边缘开始。但试样内部小孔洞闭合并不明显,随着浸水量的增多,以及试验时间的加长,试样内部的裂隙和空洞也逐渐闭合。原先不能浸水的小孔洞在水的侵蚀、浸水反压以及外荷载作用下逐渐被水占据,进而孔洞周边土样崩解膨胀产生闭合。由 b 截面和 c 截面各时刻扫描图可见,初始扫描时,截面都存在一条贯穿试样的裂隙,周身伴随较多次生裂隙。比较不同截面的扫描图像可以看出,上部 d 截面和 e 截面其裂隙和空洞的闭合与下部的 a 截面、b 截面和 c 截面有所不同,下部截面的裂隙和空洞随着试验进行,闭合良好,而上部截面距进水口较远,大裂隙并没有完全闭合。由于渗水从试样底部自下而上,试样底部已经饱和时,上端水分才刚渗入,所以导致了上下截面裂隙闭合的差异性。

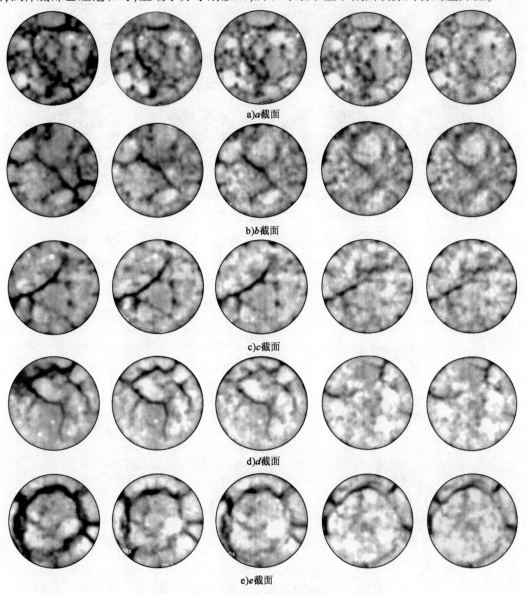

a)a截面

b)b截面

c)c截面

d)d截面

e)e截面

图 2.26 1 号试样各截面不同浸水量时的 CT 扫描图像

图 2.27 是 2 号试样不同浸水量时的 CT 扫描图像,总体上与 1 号试样扫描图像存在差异。
a 截面和 b 截面初始扫描损伤较大,有较大裂隙延伸多半截面;其余截面裂隙贯通整个试样。
2 号试样由于偏应力达到 100kPa 以及试样自身存在的裂隙较大,导致浸水速率较快,试样没
有达到饱和就已经破坏。试样浸水后,还是外边缘裂隙缺口首先闭合,d 截面和 e 截面的 CT
图更能反映这一点。由于试样浸水较快,试验所用的时间较短,各截面裂隙闭合较均匀,没有
出现 1 号试样中下部截面裂隙已经闭合而上部裂隙还较大现象,可见,应力状态以及浸水时间
对裂隙闭合存在很大的影响。随着试验的进行,试样内部裂隙不断愈合,空洞不断变小,结构
不断进行调整。

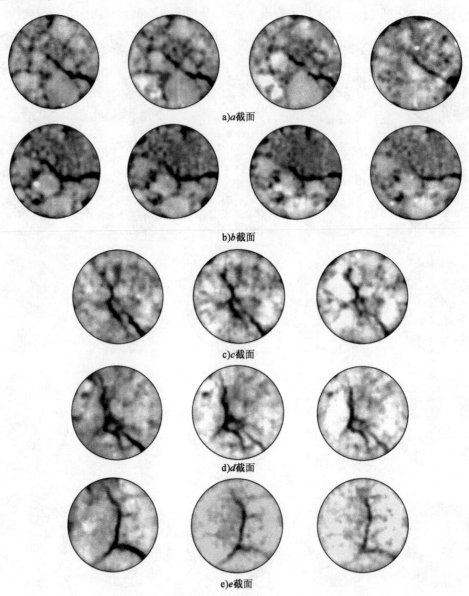

a)a截面

b)b截面

c)c截面

d)d截面

e)e截面

图 2.27　2 号试样各截面不同浸水量时的 CT 扫描图像

图 2.28 是 3 号试样不同浸水量时的 CT 扫描图像。初始扫描可见,试样损伤明显,各个截面都有裂隙贯通试样,并伴有次生裂隙存在。黑色区域较多,说明试样密度较低。较多的裂隙存在为试验浸水提供良好的通道和条件,在反压作用下,水从裂隙处从下而上迅速蔓延。浸水后试样第 1 次扫描发现,大裂隙闭合良好,尤其是靠近试样外边缘的缺口。在窗宽和窗位不变情况下,白色区域明显增多,说明密度有了较大的提高。试样靠近上端的 d 截面和 e 截面,大裂隙闭合比较明显,但与下端的截面相比还存在差异,裂隙边缘缺口没有完全愈合,再次证明了裂隙的闭合与截面位置相关。

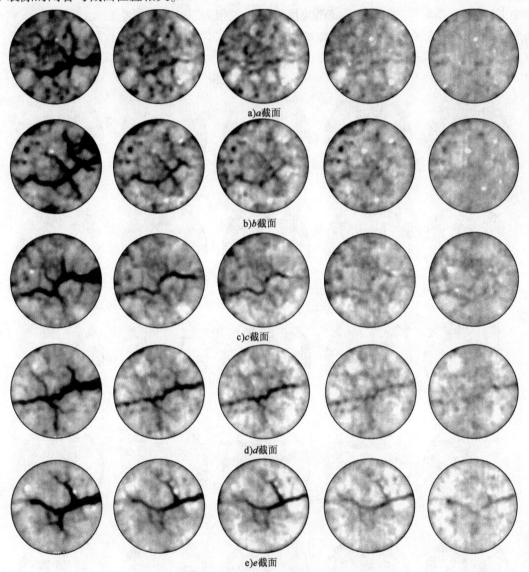

a)a 截面

b)b 截面

c)c 截面

d)d 截面

e)e 截面

图 2.28　3 号试样各截面不同浸水量时的 CT 扫描图像

试样浸水 10g 时,即第 3 次拍摄后,试样底端 a 截面和 b 截面裂隙基本全部闭合,只有部分小孔洞存在,而 c 截面、d 截面和 e 截面裂隙仍然存在。试样在第 4 次拍摄时,发现 5 个截面小孔洞基本消失,这与试样自身压缩与试样浸水土样膨胀有关。试样底部截面面积略微增大,这是因底部水分过多、结构性较差引起压缩所致。靠近上端的 d 截面和 e 截面裂隙没有愈合,其余裂隙均消失。试样经第 5 次拍摄后,图片中裂隙已经全部闭合,只有上端 e 截面存在微裂隙。此时底部 a 截面面积增大较多,说明此时试样底部鼓起,发生了软化破坏。与 1 号和 2 号试样相比,3 号试样裂隙闭合良好,试样浸水未能完全饱和,底端鼓起发生破坏。

图 2.29 是 4 号试样各截面不同浸水量时的 CT 扫描图像。4 号试样每层截面都存在贯通裂隙,裂隙的形状和走向千差万别,给试验浸水提供良好的通道。由于试样初始状态结构较松,试验浸水速率较快。经第 2 次扫描即浸水 5g 后,试件下部 a 截面和 b 截面裂隙已经闭合,截面中央只有一些空洞存在;上部截面裂隙宽度明显减小,但裂隙没有完全闭合,尤其是 e 截面,再次证明了裂隙闭合与截面位置有关。浸水 10g 时,试件 a 截面和 b 截面中的小孔洞只有轻微的变小;试件 c 截面中的较大孔洞闭合良好,边缘裂隙已经完全闭合,内部较大裂隙宽度再次减小;而试件上部 d 截面和 e 截面由于位置的原因,截面中的裂隙宽度只相对浸水 5g 时的裂隙宽度减小了一点。

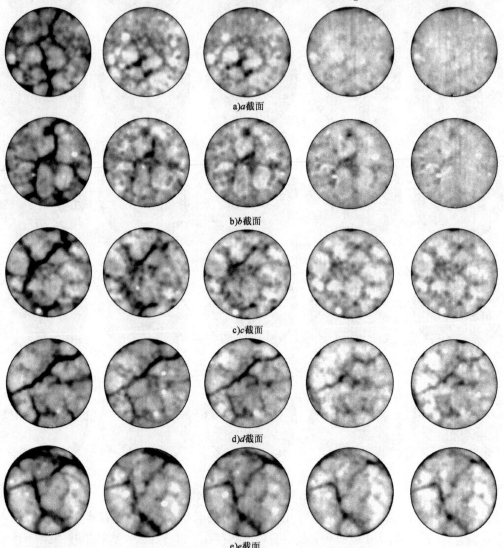

a)a截面

b)b截面

c)c截面

d)d截面

e)e截面

图 2.29　4 号试样各截面不同浸水量时的 CT 扫描图像

浸水 15g 后明显发现截面发生了变化:靠近底端的 a 截面黑色区域已经完全消失,白色区域占据整个截面,截面面积明显增大,说明此时截面密度增大;b 截面只剩若干微小空洞,密度也明显增大;c 截面中裂隙愈合较好,已经逐渐演化成小孔洞;d 截面中原来的大裂隙在浸水和外力作用下变成一条微裂纹,中央的黑色小点是大裂隙逐渐演化的结果;e 截面所处的位置决定了自身裂隙的滞后性。再次拍摄图片时,浸水达到 17g,试样处于破坏阶段,尤其是试样底端 a 截面面积显著增大,b 截面小孔洞完全消失;c 截面中孔洞再次减小趋于闭合;d 截面和 e 截面孔洞继续收缩。

由上述 4 个试样看出:试样浸水饱和与试验应力状态有关;进水后试样裂隙首先从外边缘闭合,随后内部裂隙和空洞闭合;更小的孔洞随着浸水量的增多,待土样膨胀和压缩后闭合。裂隙闭合的影响因素较多,有浸水量、浸水时间、应力状态、初始损伤程度、裂隙走向以及裂隙所处的位置等。

2.6.3 三轴浸水试验 CT 扫描数据分析

在扫描图像上还是以扫描截面的中心为圆心取 2 个同心圆(小圆面积控制在 $305mm^2$,大圆即为全区),小圆面积始终不变,而大圆面积随着浸水量的增加,面积也随之增加。小圆反映试样内部特殊区域结构变化情况;大圆反映试样整体结构变化情况。对于相同的扫描条件和扫描对象,物质密度越大,CT 数 ME 就越大,对应的方差 SD 则越小。试验过程中全区和小圆的 CT 数 ME 和方差 SD 不同,反映了试样初始损伤的不均匀性。表 2.8 ~ 表 2.11 分别是 1 号、2 号、3 号、4 号四个试样的不同截面 CT 扫描数据。随着浸水试验的不断进行,试样内部裂隙不断闭合,ME 值不断增大,SD 值不断减小。

4 个试验过程中,试样 5 个截面 CT 扫描数据不同,这也反映了经过 3 次循环后的试样损伤的不均一性。各试样 ME 值、SD 值随着浸水量增加的变化曲线见图 2.30 ~ 图 2.37。总体来看,1 号试样和 3 号试样各截面曲线变化较紧凑,向一个方向靠拢;而 2 号和 4 号试样各截面曲线变化较松散,趋势不明显,规律性不是很好。1 号和 3 号试样偏应力控制在 50kPa,2 号和 4 号试样偏应力控制在 100kPa,所以偏应力的大小对曲线变化的规律性产生直接影响。

1 号试样 CT 扫描数据　　　　　表 2.8

1 号大圆	a 截面		b 截面		c 截面		d 截面		e 截面		ME 均值	SD 均值
进水量 (g)	ME	SD	ME	SD	ME	SD	ME	SD	ME	SD		
0	1469.32	156.53	1463.79	140.83	1486.56	129.77	1480.08	156.12	1459.32	205.79	1471.81	157.81
5	1555.83	118.89	1544.36	105.38	1547.49	110.38	1572.53	118.94	1567.83	144.79	1557.60	119.68
10	1590.51	112.48	1560.21	102.12	1559.85	105.05	1594.8	107.15	1584.25	130.3	1577.92	111.42
15	1601.92	100.62	1565.72	95.66	1567.15	98.54	1606.77	100.45	1595.57	121.08	1587.42	103.27
20	1623.46	89.15	1588.28	93.22	1573.10	98.33	1612.6	98.22	1613.24	116.08	1602.13	99.00
1 号小圆	a 截面		b 截面		c 截面		d 截面		e 截面		ME 均值	SD 均值
进水量 (g)	ME	SD	ME	SD	ME	SD	ME	SD	ME	SD		
0	1488.41	100.04	1495.07	106.79	1502.91	112.34	1518.49	116.82	1514.11	111.23	1503.79	109.44
5	1540.24	97.59	1526.4	93.09	1535.28	109.09	1547.84	106.36	1567.83	95.60	1543.51	100.35
10	1565.84	84.43	1564.8	89.91	1557.05	105.81	1586.91	97.47	1587.48	88.26	1572.41	93.18
15	1590.85	77.52	1587.64	76.63	1577.55	89.00	1598.99	79.77	1596.08	79.36	1590.22	80.46
20	1623.23	61.19	1591.66	71.41	1597.8	83.60	1609.02	79.84	1614.27	77.50	1607.19	74.71

2 号试样 CT 扫描数据 　　　　　　　　　　　表 2.9

2 号大圆 进水量（g）	a 截面 ME	a 截面 SD	b 截面 ME	b 截面 SD	c 截面 ME	c 截面 SD	d 截面 ME	d 截面 SD	e 截面 ME	e 截面 SD	ME 均值	SD 均值
0	1457.31	139.66	1460.55	122.31	1495.25	119.78	1478.11	139.64	1471.97	140.52	1472.63	132.38
5	1555.78	98.53	1543.28	108.89	1534.55	115.77	1487.71	131.56	1464.14	139.64	1517.09	118.88
10	1584.94	75.25	1574.03	98.96	1575.45	108.02	1522.63	123.82	1513.96	135.62	1554.20	108.33
15	1621.78	65.56	1598.12	87.32	—	—	—	—	—	—	1609.95	76.44

2 号小圆 进水量（g）	a 截面 ME	a 截面 SD	b 截面 ME	b 截面 SD	c 截面 ME	c 截面 SD	d 截面 ME	d 截面 SD	e 截面 ME	e 截面 SD	ME 均值	SD 均值
0	1466.73	135.89	1438.07	136.01	1489.69	123.01	1456.61	113.28	1443.52	142.07	1458.92	130.05
5	1566.52	105.1	1475.31	133.31	1502.76	119.58	1481.74	111.43	1452.28	138.27	1495.72	121.54
10	1591.84	89.32	1528.74	119.26	1561.27	110.11	1523.54	102.43	1477.24	121.05	1536.52	108.44
15	1611.57	74.30	1558.12	93.53	—	—	—	—	—	—	1584.84	83.92

3 号试样 CT 扫描数据 　　　　　　　　　　　表 2.10

3 号大圆 进水量（g）	a 截面 ME	a 截面 SD	b 截面 ME	b 截面 SD	c 截面 ME	c 截面 SD	d 截面 ME	d 截面 SD	e 截面 ME	e 截面 SD	ME 均值	SD 均值
0	1386.62	247.07	1365.05	261.62	1401.77	261.62	1407.93	291.46	1389.32	299.41	1390.13	272.24
5	1518.32	126.6	1502.79	129.64	1500.07	116.78	1525.53	121.48	1514.9	131.65	1512.32	125.23
10	1566.97	116.29	1547.16	111.47	1541.14	109.42	1564.07	106.55	1544.69	117.77	1552.80	112.30
15	1635.82	83.92	1609.00	82.85	1608.32	73.84	1622.4	67.47	1619.79	71.79	1619.06	75.97
20	1677.39	55.94	1654.73	60.94	1634.22	69.28	1644.38	66.02	1647.51	68.41	1651.66	64.12

3 号小圆 进水量（g）	a 截面 ME	a 截面 SD	b 截面 ME	b 截面 SD	c 截面 ME	c 截面 SD	d 截面 ME	d 截面 SD	e 截面 ME	e 截面 SD	ME 均值	SD 均值
0	1331.51	238.19	1342.37	276.43	1325.3	263.57	1328.34	314.36	1340.41	300.28	1333.58	278.58
5	1474.14	117.11	1473.02	117.73	1450.21	119.87	1449.92	131.82	1452.92	139.89	1460.04	125.28
10	1534.48	105.9	1524.72	87.62	1509.71	91.79	1484.32	122.97	1466.42	119.27	1503.93	105.51
15	1644.73	63.88	1603.62	72.87	1596.52	61.55	1580.86	68.18	1562.58	83.58	1597.66	70.01
20	1686.65	37.96	1674.28	45.96	1627.94	55.41	1623.35	49.79	1629.33	58.40	1648.31	49.50

4 号试样 CT 扫描数据 　　　　　　　　　　　表 2.11

4 号大圆 进水量（g）	a 截面 ME	a 截面 SD	b 截面 ME	b 截面 SD	c 截面 ME	c 截面 SD	d 截面 ME	d 截面 SD	e 截面 ME	e 截面 SD	ME 均值	SD 均值
0	1442.34	152.42	1500.87	171.80	1475.44	187.19	1490.83	172.15	1480.87	171.46	1478.07	171.01
5	1588.69	105.46	1530.11	104.39	1521.02	134.45	1530.17	116.53	1510.1	150.46	1536.018	122.26
10	1615.29	99.22	1540.48	100.05	1594.17	113.85	1583.3	108.14	1520.48	147.89	1570.744	113.83
15	1667.32	62.44	1612.35	76.43	1625.76	91.89	1624.77	96.63	1592.65	115.61	1624.57	88.60
17	1671.7	56.32	1626.35	61.22	1639.83	87.35	1635.69	91.55	1606.35	106.30	1635.984	80.55

续上表

4 号小圆	a 截面		b 截面		c 截面		d 截面		e 截面		ME 均值	SD 均值
进水量（g）	ME	SD	ME	SD	ME	SD	ME	SD	ME	SD		
0	1436.38	147.74	1472.48	154.25	1485.36	185.92	1472.86	181.30	1466.54	134.21	1466.72	160.68
5	1549.23	122.55	1512.93	115.58	1497.74	118.13	1523.39	116.93	1489.12	110.97	1514.482	116.83
10	1602.86	114.77	1588.36	98.96	1562.26	114.39	1535.53	112.73	1505.11	107.05	1558.824	109.58
15	1695.37	37.08	1622.98	88.61	1619.18	88.93	1589.93	93.85	1562.49	102.30	1617.99	82.15
17	1711.93	28.30	1669.48	43.25	1627.5	82.78	1615.89	86.51	1582.64	99.40	1641.488	68.05

图2.30 和图2.31 分别是 1 号试样大、小圆的扫描数据与浸水量之间的关系图。大、小圆的浸水量与 ME 和 SD 关系图的变化存在一定的差异性。总体来看，随着进水量的增加，ME 值逐渐增大而 SD 值逐渐减小，这说明密度在不断增大，截面的差异性逐渐减小。5 个截面大圆 CT 数较离散，而小圆 CT 数集中在一起，说明裂隙主要存在于试样外表面，试样内部裂隙不明显。图2.30b) 和2.31b) 中初始状态 5 个截面 SD 值差异较大，说明方差 SD 对试样裂隙的存在以及变化更为敏感。比较 1 号试样 5 个截面的 ME 值和 SD 值的变化幅度，可以清晰地看到 a 截面和 b 截面变化尤为突出。c、d、e 截面在浸水 15g 后，ME 值增加和 SD 值减小趋于平稳，而 a、b 截面 ME 值增加和 SD 值减小继续保持较快势头。原因是试样 a 截面距离非饱和土三轴仪湿胀底座最近，b 截面次之。试验浸水时是从底座小孔洞中渗入土样，则试样底端截面强度和结构性最先降低和破坏，相应裂隙也最先闭合。

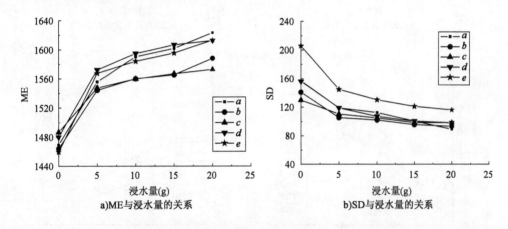

a)ME 与浸水量的关系　　　　　　b)SD 与浸水量的关系

图2.30　1 号试样大圆（全区）扫描数据与浸水量的关系

图2.32 和图2.33 分别是 2 号试样大、小圆的扫描数据与浸水量之间的关系图。由于 CT 机在浸水 15g 时出现故障，只得到两个截面 CT 图像。图中曲线变化较为离散，说明随着浸水量的增加，试样内部差异性并没有消除。试验先以较快速率浸水 5g 后，试样底部截面即 a 截面 CT 数明显增大、SD 值明显减小；而试样上端截面 CT 扫描数据变化并不明显。2 号试样与 1 号试样相比，相同的围压，不同的偏应力作用，CT 扫描数据随浸水量变化较离散，可见偏应力的存在对试验有明显的影响。

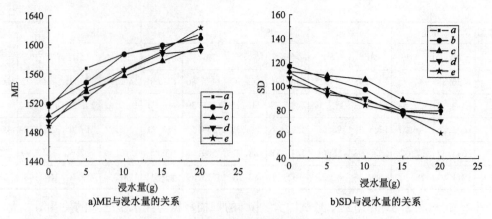

图 2.31　1 号试样小圆扫描数据与浸水量的关系

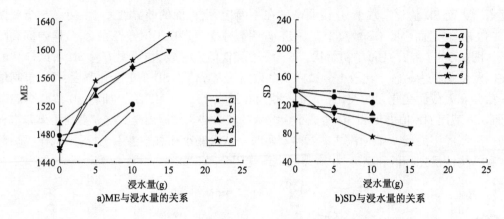

图 2.32　2 号试样大圆(全区)扫描数据与浸水量的关系

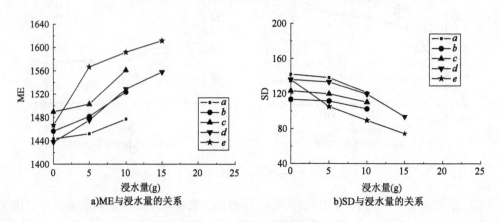

图 2.33　2 号试样小圆扫描数据与浸水量的关系

　　图 2.34 和图 2.35 分别是 3 号试样大、小圆的扫描数据与浸水量之间的关系图。从图中可以看出,3 号试样初始差异性不明显,这与试样三次干湿循环后出现自上而下贯通裂隙有关。试验结束后 5 个截面 ME 值和 SD 值变化不大,尤其是大圆 CT 扫描数据,说明裂隙闭合良好,密度趋于均匀。由于试验围压较大,给试样很大的外力作用,而且偏应力只有 50kPa,使得

曲线变化较为规律。试样存在较大裂隙,浸水时,水会沿着裂隙向上迅速扩散至整个试样,加之较大外荷载作用,所以浸水 5g 时,靠近底部截面的 CT 扫描数据并没有出现突变。但试验进入后期,浸水达到 20g 时,a 截面以及 b 截面 CT 数 ME 值和方差 SD 值出现较大变化。这主要因为试样浸水后期,试样强度发生急剧降低,尤其是试样底部长时间浸泡于水中,结构性发生破坏。试样已趋于软化破坏,由 3 号试样试验后扫描图像发现,试样底部明显鼓起。由于试样密度的加大,尤其是底部面积的增大,导致 CT 扫描数据的强烈变化。

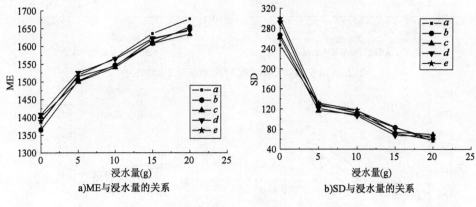

图2.34　3号试样大圆(全区)扫描数据与浸水量的关系

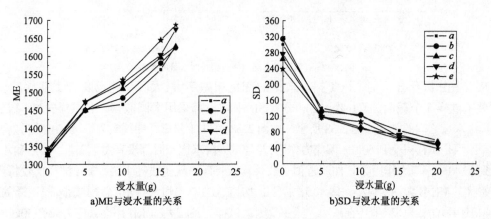

图2.35　3号试样小圆扫描数据与浸水量的关系

图 2.36 和图 2.37 分别是 4 号试样大、小圆的扫描数据与浸水量之间的关系图。4 号试样与 2 号试样有相似性,ME 值和 SD 值随着浸水量的增加,其变化比较离散。由图中可知,a 截面浸水 5g 时变化最为明显;ME 值相对其他截面数值最小,而浸水 5g 后变为最大。试验中由于偏应力 100kPa 较大,造成试样浸水量没有达到预期饱和目的,只浸水 17.5g。试验浸水 17g 后,轴向变形明显加快,土样发生软化破坏,底部明显鼓胀。与 2 号试样相比,由于 4 号试样偏应力达到 100kPa,试验围压同时也施加到 100kPa,带给土样较大的外在约束。即使偏应力较大,但较大围压作用使土样未发生与 2 号试样一样的剪切硬化破坏,而发生软化破坏。图中显示,随着浸水量增加,c、d、e 截面变化比较平稳,尤其是 e 截面,因为其远离浸水口,水分到达上部截面需一定的时间。可见水分渗入土样,在外力作用下,土样裂隙处才产生剧烈变化,进而引发裂隙面的闭合以及截面 CT 数值的变化。

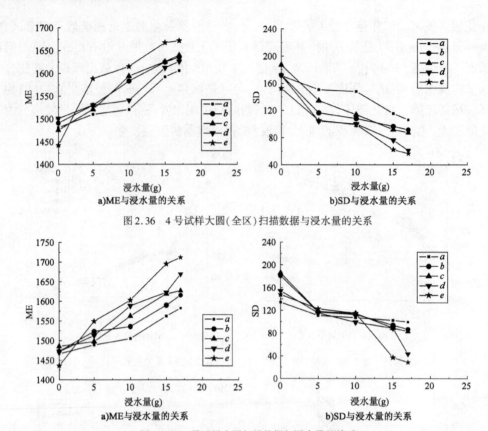

图 2.36　4 号试样大圆(全区)扫描数据与浸水量的关系

图 2.37　4 号试样小圆扫描数据与浸水量的关系

　　从以上分析看出大、小圆 CT 扫描数据的变化相差不大,大圆更能反映整个截面的变化,故对整个试样 5 个截面的 CT 数 ME 和方差 SD 平均值都采用大圆数据。各试样的 ME 和 SD 平均值与浸水量之间的关系如图2.38 所示。由图2.38 可见,1 号试样曲线较为平缓,曲线可拟合为抛物线。原因是试样只受到 50kPa 偏应力作用,并且试样浸水饱和后都没有发生破坏。2 号和 4 号试样受到 100kPa 偏应力作用,ME 曲线近似呈线性增长;SD 曲线呈线性下降。3 号试样比较特殊,试样初始状态 ME 较大,SD 较小。浸水 5g 后,ME 均值急剧增大和 SD 均值急剧减小;而试样的后期 ME 均值还在增大,SD 均值还在减小。这主要因为试样受到较大围压作用而偏应力只有 50kPa。

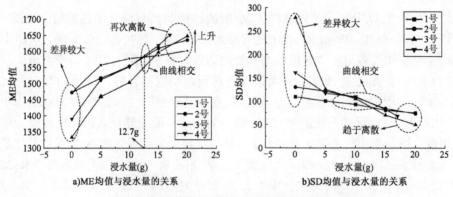

图 2.38　试样各截面扫描数据均值与浸水量的曲线图

2.6.4 CT 扫描数据与体应变、偏应变之间的关系

试样共扫描了 5 次,只有 2 号试样扫描了 4 次,各次扫描时对应的体应变和偏应变值列于表 2.12 中。偏应变是决定土样损伤程度的一个重要因素;而对膨胀土而言,体应变也不容忽略,特别是在浸水情况下。

各次扫描对应的应变状态　　　　　　　　　　　　　　　　表 2.12

试样编号	1 号				2 号				3 号				4 号			
扫描次序	体应变(%)	偏应变(%)	ME 均值	SD 均值	体应变(%)	偏应变(%)	ME 均值	SD 均值	体应变(%)	偏应变(%)	ME 均值	SD 均值	体应变(%)	偏应变(%)	ME 均值	SD 均值
1	-0.5292	0.000	1469.81	159.81	-0.297	0.000	1472.638	132.38	-0.107	0.000	1390.14	272.23	-0.097	0.000	1478.07	171.01
2	-1.6278	0.036	1551.61	117.68	-0.541	0.105	1517.092	118.88	-0.181	0.451	1512.32	125.23	-1.002	0.026	1536.02	122.26
3	-1.3398	0.807	1571.92	107.42	0.506	0.623	1554.202	108.33	0.611	0.965	1552.81	112.30	-0.511	0.469	1570.74	113.83
4	-0.4064	1.344	1581.43	99.27	2.901	2.213	1609.95	76.44	1.111	2.013	1619.07	75.97	0.142	3.790	1624.57	88.60
5	2.5425	2.725	1594.14	95.00	—	—	—	—	0.813	8.025	1651.67	64.12	-0.107	9.890	1635.98	80.55

图 2.39 中试样扫描数据 ME、SD 的均值与体应变之间没有明显的规律。1 号和 2 号试样曲线类似双曲线而 3 号和 4 号试样曲线呈"S"形。这主要由于 1 号和 2 号试样所受到的围压较小,而 3 号和 4 号试样所受到的围压较大,阻止了试样的膨胀,并且试验后期两试样底部鼓起,体积又有增大的趋势。

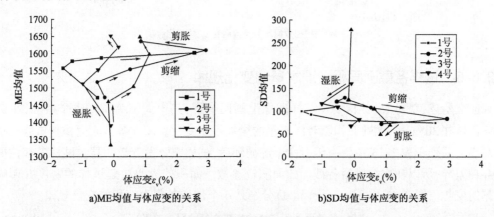

a)ME均值与体应变的关系　　　　　　　　b)SD均值与体应变的关系

图 2.39　扫描数据均值与体应变 ε_v 的变化曲线

"S"形显示了试样湿胀-剪缩-剪胀的 3 个变形阶段,1 号试样仅有湿胀-剪缩 2 个阶段,没有出现再次体胀现象。试样浸水初期,裂隙为浸水提供了便利通道,水分在压力水头作用下迅速浸入试样中,而膨胀土中富含亲水性矿物,如:伊利石和蒙脱石,这些亲水性矿物遇水使得矿物晶格层间距增大[3],矿物颗粒之间的结合水膜增厚,结合水膜楔入矿物颗粒之间[122],试样体积会出现湿胀现象并伴随产生膨胀力。试样浸水后,游离氧化硅、氧化铝和氧化铁等胶结物遇水溶解,膨胀土颗粒会丧失结构连接[123],产生了遇水软化效应,且膨胀力会随着含水率的

增大而减小[124]，在围压和偏应力作用下，试样继而出现体积剪缩现象。浸水后期，试样在偏应力作用下产生剪胀破坏，使得试样再次出现体胀现象。1号试样所受到的围压和偏应力较小，浸水后期试样并没有出现剪胀破坏，因此仅有湿胀和剪缩2个阶段。

图2.40a)和图2.40b)分别是各试样CT数ME均值和方差SD均值随偏应变的变化曲线。总体来看，随着偏应变增长初期，ME均值增长较大和SD均值下降较快；但随着偏应变继续增大，ME均值增长和SD均值减小趋于平稳。以偏应变ε_s等于2%为分界点，可以将ME和SD增大和减小分为两个阶段。第1阶段分别为陡增段和陡降段，该阶段与试样湿胀、矿物颗粒填充裂隙和孔洞、截面平均密度增大、差异程度减小等因素有关；第2阶段称为平稳段，该阶段主要由于试样裂隙基本闭合，截面平均密度趋于稳定且密度差异已经不明显。陡增（降）段说明试样结构初始损伤较大，裂隙较多；平稳段则说明试样裂隙闭合明显、密度趋于稳定，土样截面上结构缺陷逐渐消失。

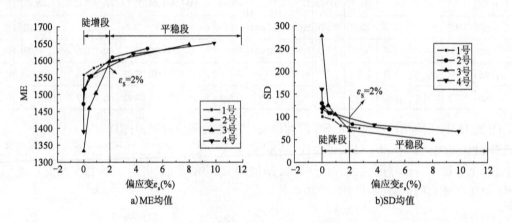

a)ME均值　　　　　　b)SD均值

图2.40　扫描数据均值与偏应变ε_s的变化曲线

2.6.5　试样各截面面积随浸水量的变化规律

如前文所述，获得CT数据要在试样图像上画两个圆，其中大圆为试样整个截面，小圆面积始终保持在305mm²；大圆面积随着浸水量的增加不断变化。试样各截面面积与试验扫描次序的对应关系列于表2.13中。由于多次干湿循环后，试样裂隙发育较明显。试样各部位面积肯定存在差异，所以初次扫描后各截面的面积较离散。面积的大小决定试样的密度并影响扫描数据的变化。图2.41中a)、b)、c)和d)分别是4个试样各截面面积的变化规律。

试样各截面面积与试验扫描次序的对应关系　　　　　　　　表2.13

	面积(mm²)									
试件编号	1号					2号				
扫描次序	a截面	b截面	c截面	d截面	e截面	a截面	b截面	c截面	d截面	e截面
1	992.38	992.36	997.81	976.11	998.03	987.86	992.5	986.9	986.90	976.11
2	1009.22	1003.35	1003.35	1003.35	1008.23	1002.38	1003.23	1003.08	1003.32	1003.35

续上表

试样编号	面积(mm²)									
	1号					2号				
扫描次序	a 截面	b 截面	c 截面	d 截面	e 截面	a 截面	b 截面	c 截面	d 截面	e 截面
3	1008.83	992.38	970.6	1003.35	990.29	1036.4	1022.94	999.55	1003.32	1008.83
4	1003.32	1008.83	1003.32	997.81	1043.27	1054.57	1045.11	—	—	—
5	1025.37	1019.8	1008.65	1008.83	1002.66	—	—	—	—	—

试样编号	面积(mm²)									
	3号					4号				
扫描次序	a 截面	b 截面	c 截面	d 截面	e 截面	a 截面	b 截面	c 截面	d 截面	e 截面
1	1008.83	1008.43	1008.77	1009.86	1008.77	987.27	1003.35	1002.83	992.81	1003.32
2	997.87	997.69	997.81	997.81	997.81	1008.36	1003.35	1019.8	981.42	992.38
3	1025.28	1003.32	1030.76	1025.4	1014.34	1047.42	1030.76	1019.86	997.69	1008.77
4	1047.66	1030.94	1003.32	1003.35	1023.32	1121.6	1098.71	1047.66	1003.32	1014.31
5	1170.46	1150.84	1092.72	1070.1	1053.23	1246.72	1240.73	1098.71	1036.52	1036.49

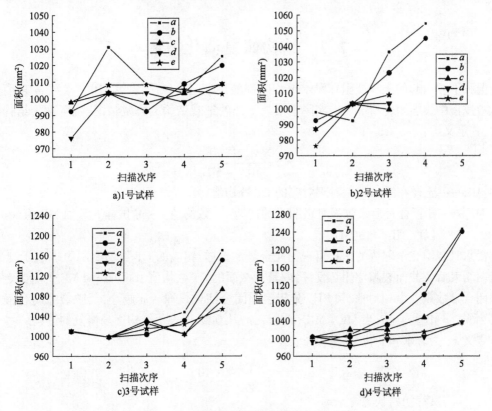

图 2.41 试样各截面面积随扫描次序变化曲线

试样各截面面积随着浸水量的增加而不断增加,但不同的试样、不同的截面面积还是存在减小的情况,这主要原因是水进入试样时并不是均匀渗入,而是经历了一个从试样底部自下而上漫延的过程。当试样底部饱和时,上端部分水分可能才刚渗入。因而在外力作用下,试样各截面的膨胀和收缩就存在差异性,所以各截面的面积变化规律不一致。

1 号试样第 1 次扫描时,各截面面积较离散,随着试样浸水 5g 后,5 个截面面积增大并向一点靠拢。说明试样浸水后迅速产生膨胀。当试样浸水 10g 时,各截面面积相应减小,尤其是 b 截面。试样浸水到 20g 时,即试验经历很长时间后,试样底端的 a 截面和 b 截面面积,比其他截面面积增大许多。原因是试样底端已经处在饱和状态,自身强度很低,在外荷载作用下,底部容易被压缩。2 号试样和 4 号试样各截面面积变化规律与 1 号试样的各截面面积变化规律相似。两个试验浸水速率较快,在很短时间内试样内部有较多的水分,试样的膨胀作用占据主导地位。3 号试样自身存在一条大裂隙,这给水分均匀进入试样创造良好的通道。所以试样浸水 5g 时,大裂隙宽度变小,试样迅速收缩,截面面积变小。试样浸水 10g 后,因膨胀作用使其截面面积增大,尤其是靠近底端的 a 截面和 b 截面。而当试样浸水 15g 时,c 截面和 d 截面产生收缩,此时试样的膨胀作用小于外荷载的束缚作用。

试样各截面面积变化呈不规律性,但总体来看,随着浸水量的增加其面积逐渐增大。同一种土样,相同膨胀率下试样截面面积与浸水速率、应力状态、试样自身损伤大小以及截面所在位置有关。试样膨胀作用小于约束作用时截面产生收缩,约束作用小于膨胀作用时截面自然增大。

2.7 结构修复演化方程

湿胀干缩引起的土样裂隙在浸水过程中都能逐渐闭合。采用裂隙闭合参数 m 来衡量浸水试验过程中裂隙闭合情况。m 实际上反映土样的细观结构的修复情况,也可称为结构修复参数,其定义为:

$$m = \frac{ME - ME_i}{ME_f - ME_i}$$ (2.10)

式中:ME——土样在浸水某一时刻对应的 CT 数均值;

ME$_i$——干湿循环后裂隙发育最明显的初始 CT 数均值。3 号试样 b 截面 ME 值最小,所以取 ME$_i$ = 1365HU。

浸水时裂隙完全闭合的土样可视为完全修复土样,相应的 CT 数均值用 ME$_f$ 表示,3 号试样试验结束后各截面裂隙均闭合良好,取其 a 截面的 CT 数均值 1660HU 为 ME$_f$。由此定义的裂隙闭合参数是一个相对值,可用以分析裂隙闭合演化规律。m 越小,反映裂隙闭合程度越高。当 ME = ME$_i$,m = 0;当 ME = ME$_f$,m = 1。m 从 0 到 1,表示结构逐渐修复的过程。

定义 ε_w 为含水率变化率,单位%:

$$\varepsilon_w = \frac{w - w_0}{w_0} \times 100$$ (2.11)

式中:w_0——试样初始状态含水率;

w——浸水过程中任意时刻的试样含水率。

图 2.42 是 4 个试样结构修复参数 m 与含水率变化率 ε_w 的关系曲线。由图 2.42 可知,随着含水率变化率 ε_w 的增大,结构修复参数 m 呈指数增长趋势。采用如下函数拟合浸水过程的结构修复演化方程:

$$m = m_0 + \exp\left[\frac{p}{q + p_{atm}}(a\varepsilon_w)\right] - 1 \tag{2.12}$$

式中:m_0——试样的初始结构修复参数;

p,q,p_{atm}——分别是试验施加的净平均应力、偏应力、大气压;

a——试验系数,通过多元回归分析取 4 个试验的平均值,即 0.32。

4 个试样的计算值[按式(2.10)计算]与拟合值[按式(2.12)计算]之间的关系如图 2.43 所示。由图 2.43 可知,除了 2 号试样以外其余均拟合较理想。原因是仪器故障导致 2 号试样浸水试验没有完成最后一次扫描,使得拟合值与计算值有差距。

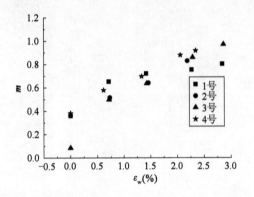

图 2.42 4 个试样结构修复参数 m 与含水率变化率 ε_w 的关系　　图 2.43 4 个试样裂隙闭合参数试验值与拟合值之间关系

2.8 本 章 小 结

为了研究膨胀土裂隙的产生及闭合规律,对重塑膨胀土进行了无约束条件下的 3 次干湿循环试验;再对干湿循环后的裂隙膨胀土进行了控制围压和偏应力为常数的 CT-三轴浸水试验。试验过程中对膨胀土试样进行了实时 CT 扫描,取得了较多的 CT 图像,从宏观和细观上分析了裂隙生成以及水和外力作用下裂隙闭合的全过程,结果表明:

(1)无约束条件下的试样浸湿和干燥都能引发裂隙的产生和闭合;试样增湿过程中,小裂隙会闭合,大裂隙会扩展;试样干燥过程中,小裂隙会扩展,而大裂隙会收缩变窄。无约束情况下的干湿循环过程,膨胀土试样边缘以及孔洞聚集区易形成裂隙;干湿循环造成膨胀土体积收缩存在一个稳定渐近线,体缩会趋于一个稳定值。

(2)三轴浸水试验中,裂隙均趋于闭合,而闭合程度与应力状态有关。裂隙膨胀土在浸水初期产生膨胀力并出现湿胀体变;随着浸水量的增加,膨胀土遇水软化效应产生且膨胀力逐渐减小,在围压和偏应力压缩作用下出现体缩现象;浸水后期,在偏应力作用下试样产生剪胀破坏,再次出现轻微体胀现象。

(3)膨胀土的不规则裂隙和孔洞在水和荷载作用下逐渐演化为较为规则的圆形孔洞,且孔洞趋于闭合;仅在外力作用下,裂隙较难完全闭合,而是逐渐演化为孔洞;水和外力共同作用使得膨胀土裂隙闭合效果比单纯施加荷载闭合效果要好。在三轴浸水试验中,试样体积变化分为三个阶段,即体积先减小,接着因湿胀作用逐渐增大,尔后又因膨胀力释放和模量降低而减小。

(4)定义了裂隙闭合参数,提出了三轴浸水试验过程中的结构修复演化方程,能反映含水率变化量对裂隙闭合的影响。

第3章 非饱和膨胀土屈服特性影响机制

屈服特性是非饱和土本构关系研究的一项重要内容。Alonso 等[37]利用屈服特性及临界状态概念先后建立了 Barcelona 非饱和土弹塑性模型和 Barcelona 膨胀土弹塑性模型框架（BExM）[125]，前者包括湿陷加载屈服（LC）和吸力增加屈服（SI）两个屈服面；后者除 LC 和 SI 屈服面外，增加了 SD 屈服面（即吸力减少屈服面）。S. J. Wheeler 等[126-128]对非饱和土的屈服准则和屈服面做了进一步的研究；陈正汉[70]通过大量的试验提出了一个新的吸力增加屈服条件，并建议了一个确定三轴剪切条件下的屈服应力的新方法；黄海等[129]通过试验提出了 LC 和 SI 屈服曲线为一条统一的屈服线，并给出了相应的数学表达公式；卢再华[130]考虑到膨胀土是湿胀而不是湿陷，把 Barcelona 膨胀土弹塑性模型中 LC 屈服改为 LY 屈服，即加载屈服，并引入剪切屈服面 SY 以反映剪胀特性。膨胀土是具有显著结构性的典型非饱和土，结构性对其变形特性和屈服特性有重要影响。关于将结构损伤与非饱和膨胀土屈服特性联系起来的研究迄今未见报道。

本章利用与 CT 机配套的非饱和多功能土工三轴仪，对干湿循环后的膨胀土进行控制吸力为常数的各向等压加载试验，从细观上研究了结构损伤对膨胀土屈服特性的影响规律[131-132]。在此基础上得出非饱和膨胀土弹塑性损伤模型的若干基本参数，为下一步建立实用的非饱和膨胀土弹塑性损伤模型提供参数依据。找出结构损伤与屈服应力之间的关系，并据此将巴塞罗那膨胀土模型推广到结构损伤情况。

3.1 试验概况

本章中所用的试验设备和公式符号与第 2 章相同。

3.1.1 制样方法和试验方案

本章中试样用土以及制样方法与第 2 章相同，但试样初始参数不一样（表 3.1）。首先对试样进行干湿循环：试样干燥仍在烘箱中进行，温度控制在 35℃，无鼓风状态下干燥 24h；试样增湿控制饱和度为初始状态的 88.39%。试样要通过多次增湿至目标饱和度，直至试样体积变化趋于稳定，且达到饱和度要求。对 0 号试样以及进行干湿循环 1～4 次的 1～4 号试样分别进行控制吸力为 50kPa 的各向等压加载试验，而对 5 号试样干湿循环 4 次，并进行控制吸力为 100kPa 的各向等压加载试验。净平均应力分级施加，试验结束时净平均应力都为 350kPa，并在各级荷载稳定后对土样进行实时 CT 跟踪扫描。试验过程中，由于排水孔隙水压力为 0，所以试验只需控制围压 σ_3 和气压 u_a。表 3.1 中 0 号试样为无干湿循环的初始试样。

试样初始参数及应力状态 表 3.1

试 样	体积(cm³)	干密度(g/cm³)	孔隙比 e	含水率(%)	饱和度(%)	吸力(kPa)	循环次数(次)
0 号	96.00	1.500	0.820	26.55	88.39	50	0
1 号	88.42	1.637	0.668	21.63	88.40	50	1
2 号	89.82	1.586	0.721	23.32	88.29	50	2
3 号	92.05	1.569	0.739	24.05	88.73	50	3
4 号	95.17	1.506	0.813	26.44	88.67	50	4
5 号	95.67	1.505	0.814	26.34	88.33	100	4

3.1.2　试验稳定标准和排水量校正

对控制吸力的各向等压加载试验采用的稳定标准为:在 2h 内,试样的体变和排水量分别小于 $0.0063cm^3$ 和 $0.012cm^3$。完成一个试验需 10～16d 不等,其历时长短取决于试验最终达到的净平均应力、干湿循环的次数及损伤程度的大小。

由于试验周期较长,土样中少量气体透过陶土板进入排水测量系统,以及排水系统自身的测量误差,所以应对排水测量值进行校正。试验结束时,试样被切成 3 段,分别测量各段的含水率,发现三者的含水率彼此很接近。由试样初始含水率和最终含水率之差,可计算出试样的实际排水量,再根据计算的实际排水量去校正测量值。试样含水率校正值见表 3.2。下文分析含水率均采用校正值。由表 3.2 可知,试验中干湿循环次数越多,试验每级荷载所需要的时间越长。

试样排水量测量值与校正值的比较 表 3.2

试 样	吸力(kPa)	历时(d)	测量值(cm³)	校正值(cm³)	差值(cm³)	相对误差(%)
0 号	50	15	3.03	3.32	0.29	8.73
1 号	50	10	2.09	1.96	0.10	5.10
2 号	50	12	3.73	3.95	0.21	5.32
3 号	50	14	4.34	4.51	0.17	3.77
4 号	50	15	5.33	5.63	0.30	4.52
5 号	100	16	7.54	7.40	0.14	1.89

3.2　试验细观反应分析

此次试验为了避免肉眼对图像观察产生误差,CT 图像窗宽、窗位(其定义见前文)统一设定在 400 和 1550。每个试样各进行了 9 次扫描,每次扫描对应的净平均应力分别为 0、25kPa、50kPa、75kPa、100kPa、150kPa、200kPa、250kPa 和 350kPa;试样扫描两个截面:上 1/3 截面为 b 截面,下 1/3 截面为 a 截面(图 2.5);共取得有效图片 108 张。

试样首次干燥并不产生任何裂隙,这在前文中叙述过。试样裂隙和空洞的形成主要在第 1 次增湿后,而且首次增湿为下次干燥产生干裂创造客观条件。图 3.1 是干湿循环 1 次的 1

号试样各级荷载对应的 CT 扫描图像。图像中可清晰发现试样裂隙发育并不明显,只是外表层存在裂隙。试样初次扫描图像外边缘粗糙,凸凹明显,这在 a 截面和 b 截面中均可以发现。椭圆 1 和椭圆 4 各存在一个较大空洞,在试验结束后也没有完全消失,这不仅与土样只干湿循环 1 次造成土样损伤较小有关,而且与试样干缩较大、湿胀较小造成的干密度相对较大有关;椭圆 2 和椭圆 3 处都有裂隙存在,且伴随较多小空洞,显示了土样在此位置的开裂,这在椭圆 3 处显得尤为突出。从图 3.1 整体来看,试样干缩湿胀产生的微裂隙随着净平均应力的增大而很快闭合,内部空洞的闭合却比较缓慢。试样第 5 次扫描时,图像在窗宽和窗位不变的情况下,代表黑色区域的空洞明显减少,这与试样在净平均应力达到 150kPa 时已经屈服有关。

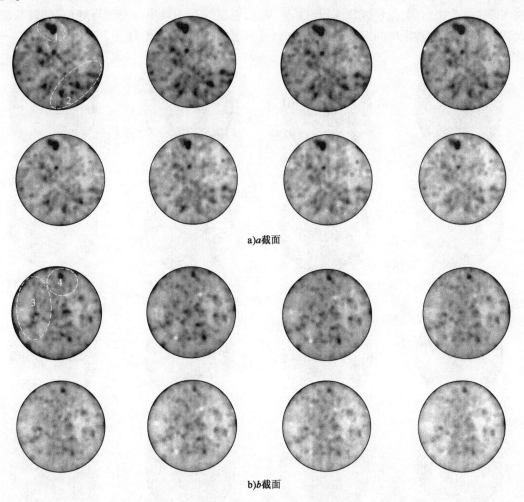

a)a截面

b)b截面

图3.1　1号试样各级荷载对应的 CT 扫描图像

　　试样在干湿循环一次后,土样原有较均质的结构遭到破坏产生损伤,而产生的新损伤结构在一定范围内还能承受外部荷载,只是损伤后的土样其强度和结构性比原有结构下降许多。土样屈服标志着试样无法承受原有结构能承受的荷载,试样结构在屈服点后遭到一定破坏,这一点在试样内部细观结构变化图上显现得尤为突出。

干湿循环 2 次后的 2 号试样损伤程度明显大于 1 号试样,这不仅表现在 CT 扫描数据的变化上,而且在扫描图像上也产生剧烈的变化。由图 3.2 可见,a 截面和 b 截面空洞明显多于 1 号试样,裂隙不仅在截面边缘处存在,而且已经延伸至试样内部。截面图像比 1 号试样边缘更加粗糙,内部黑色区域占据更大面积。a 截面中椭圆 1 处产生一个较大缺口,但随着净平均应力的增大,缺口处逐渐圆润,说明缺口处损伤程度较大,随着试验的进行,椭圆 1 处结构变得均匀。椭圆 2 处存在一个较大空洞,可以看出该空洞由若干个小空洞共同组成,第 8 次扫描时,椭圆 2 收缩为 4 个小空洞,而右下方空洞却没有完全闭合。椭圆 3 处有一条裂隙几乎横贯整个试样,说明 2 号试样的下半部损伤程度较大,主裂隙已经在第 2 次增湿后初步形成。椭圆 3 处的主裂隙当净平均应力达到 150kPa 时闭合,这与试样产生屈服有关。在后期跟踪拍摄时裂隙逐渐演化为小空洞,黑色区域面积明显减少,白色区域在图像中占据主导地位;随着荷载增大,试样截面边缘逐渐向圆形发展,整个截面变得更加密实,密度更高。

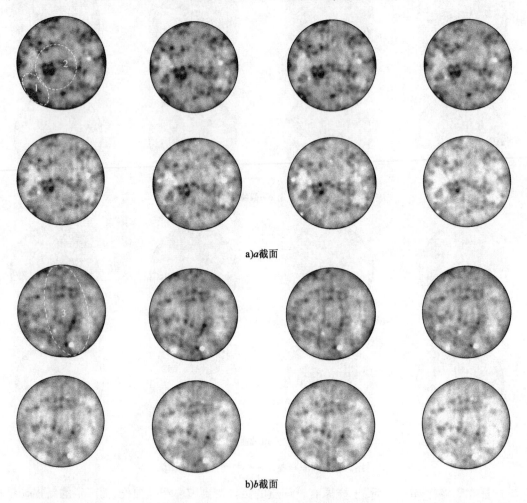

a)a截面

b)b截面

图 3.2　2 号试样各级荷载对应的 CT 扫描图像

综上所述,试样中存在的裂隙和空洞在净平均应力没有超过 150kPa 时,基本上没有质的变化,而在 150kPa 后闭合明显。表明了屈服与试样内部结构细观结构变化密切相关。

经历干湿循环3次后的3号试样(CT图像如图3.3所示),其损伤程度远远大于前两个试样。主要原因是:1次干湿循环后裂隙只存在于边缘,2次干湿循环后主裂隙形成雏形,而3次干湿循环后主裂隙已经贯通整个试样,并且伴随主裂隙产生许多次生裂隙和大量空洞。经过3次干湿循环后,试样裂隙发育较为明显,且试样体积比前两个试样要大,其干密度下降较快,孔隙比加大。图3.3中净平均应力为25kPa的a截面和b截面扫描图像都存在裂隙,裂隙相互交织,完全破坏了试样的整体性。a截面中的椭圆1处裂隙贯通截面,把试样分为两个部分;b截面中2处发育裂隙没有a截面处裂隙大,但也贯通整个试样。1处和2处裂隙在施加净平均应力100kPa后逐渐演化为空洞,边缘处裂隙已经完全闭合;空洞随着净平均应力的增大逐渐缩小。

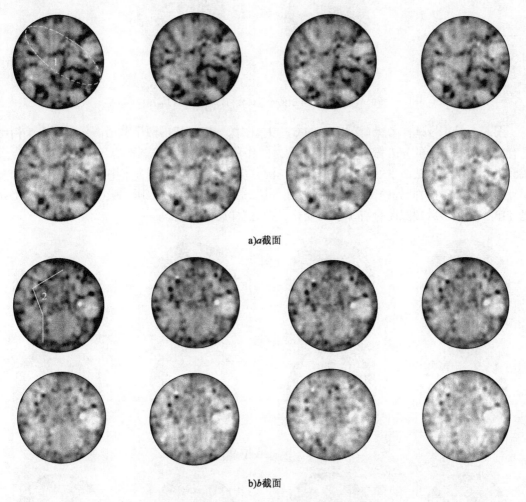

a)a截面

b)b截面

图3.3　3号试样各级荷载对应的CT扫描图像

　　随着密实度的提高,空洞缩小的幅度也在降低,新产生的结构可以抵御较大压力作用。裂隙和空洞闭合,呈现出不同的规律:较大空洞在围压作用下很快变小;裂隙闭合先从边缘处开始,再过渡到试样内部,使裂隙逐渐演化为空洞。空洞较裂隙不容易闭合,原因在于同样的受力状态下,圆形空洞受力性能优于裂隙,使得试样受力后期,部分空洞不能完全闭合,而能承受荷载的作用。

图3.4是干湿循环4次的4号试样未施加任何荷载时的扫描图像。4次干湿循环后的试样裂隙发育显著,结构性、整体性较差。从图3.4中可见,a截面和b截面中存在大量的裂隙和空洞,截面边缘极其粗糙。a截面裂隙1把试样划分为4块;b截面裂隙2已经完全分割了整个截面,内部裂隙明显,边缘裂隙却有所闭合,这是试样增湿后膨胀产生的结果。4号试样经过4次干湿循环后,密度变得较小,且裂隙发育明显,使得CT数ME值相对较小、方差SD值较大。

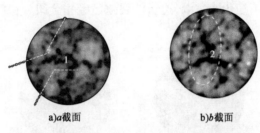

a)a截面　　　　　　b)b截面

图3.4　干湿循环4次的4号试样初始状态CT扫描图像

图3.5是4号试样各级荷载对应的CT扫描图像。初次扫描两个截面图像与图3.4相比,具有较大初始损伤的a、b截面在围压和吸力的作用下,裂隙和空洞都有不同程度的闭合。a截面中的圆1和b截面中的圆2被裂隙和空洞分割,在荷载作用下圆1中白色面积逐渐扩大,而且颜色越加发白,此处的密度要高于其他部位。圆2处裂隙在围压和吸力作用下逐渐闭合,但在第3次拍摄后裂隙闭合有了质的变化,这与试样屈服有关。

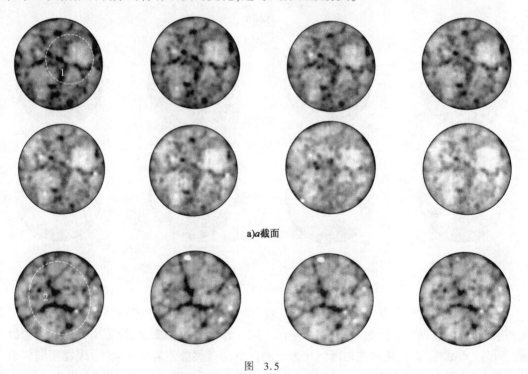

a)a截面

图　3.5

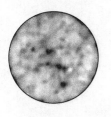 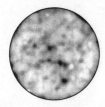 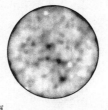 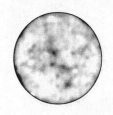

b)*b*截面

图3.5 4号试样各级荷载对应的CT扫描图像

图3.6是干湿循环4次的5号试样初始状态的CT扫描图像。与图3.5相似,干湿循环4次后的土样损伤程度很大,裂隙贯通试样,空洞布满整个截面。图3.7是5号试样各级荷载对应的CT扫描图像。从图3.6、图3.7中可,知5号试样在高围压和高吸力作用下,虽然净平均应力相同,其裂隙闭合程度要大于4号试样,这在图3.6中裂隙1和裂隙2中可清晰看到。

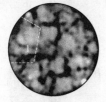 

a)*a*截面 **b)***b*截面

图3.6 干湿循环4次的5号试样初始状态CT扫描图像

a)*a*截面

 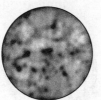 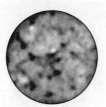

图 3.7

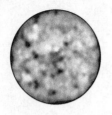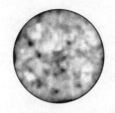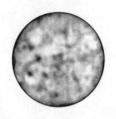

b)b截面

图3.7　5号试样各级荷载对应的CT扫描图像

图3.8是压制成型未经干湿循环的0号试样初始状态的CT扫描图像,其中b截面的空洞要多于a截面,这是因为制样过程中受力不均匀。其与1号试样细观CT图像(图3.1)相比差距不大,两者主要区别在于CT扫描数据上(见后文表3.5、表3.6),由于1号试样的体积缩小,且密度增大,导致其比0号试样ME稍大、SD稍小。图3.9是0号试样各级荷载作用时的CT扫描图像,图像分析此处略。

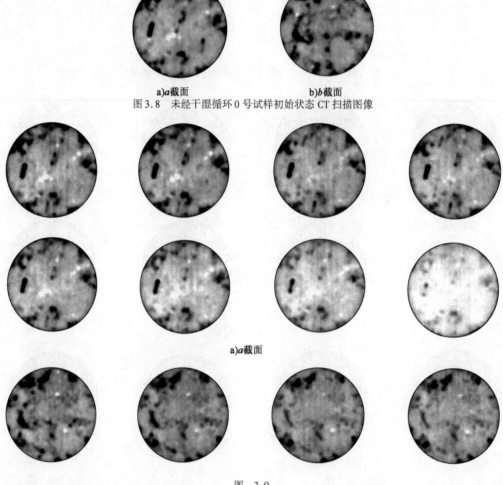

　a)a截面　　　　　　　　　　　　　b)b截面
图3.8　未经干湿循环0号试样初始状态CT扫描图像

a)a截面

图　3.9

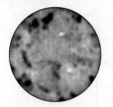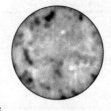

b) b 截面

图3.9 0号试样各级荷载对应的CT扫描图像

综上所述,无约束条件下干湿循环制造初始损伤,干湿循环次数越多,试样完整性越差。裂隙的出现有不规则性,势必对试样扫描图像产生影响,同时也会对CT数据和试样屈服产生影响。CT扫描图像在屈服点后会发生显著的变化,试样截面裂隙和空洞较大程度闭合。干湿循环次数相同的试样,即使净平均应力相同,所受围压和吸力较大的试样,裂隙和空洞闭合程度要大于围压和吸力较小的试样。

裂隙膨胀土在外荷载作用下,空洞的闭合要滞后于裂隙。裂隙和空洞的闭合以屈服点前后可划分为两个阶段,屈服点前裂隙和较大空洞迅速闭合,而屈服点后空洞闭合趋于缓慢。

3.3 试验数据分析

3.3.1 干湿循环对屈服应力、含水率变化指标和体变指标的影响

图3.10是0号至4号试样 v-lg$p$ 关系图。同一土样的试验点近似位于两相交的直线段上。两直线段的交点可作为屈服点,屈服点的净平均应力就是屈服应力[58]。把图中屈服点列于表3.3中,可见同一吸力下随着干湿循环次数的增加,试样屈服应力逐渐减小。屈服点前后直线段斜率可称为压缩指数,从表3.4中可知由 v-lg$p$ 曲线确定的压缩指数屈服前,其绝对值随着干湿循环次数的增加而逐渐增大,屈服后的直线段斜率除1号试样外基本变化不大,故认为干湿循环对试样屈服后的压缩指数没有质的影响。

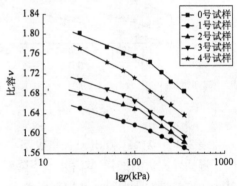

图3.10 吸力50kPa不同干湿循环次数试样的 v-lg$p$ 关系

各试样屈服应力值(单位:kPa)　　　　　　　　　　　　　　　　表3.3

试 样	屈 服 应 力			平 均 值
	(1)	(2)	(3)	
0 号	150.34	153.78	139.93	148.01
1 号	134.58	145.94	122.35	134.29
2 号	116.61	125.28	109.49	116.95
3 号	94.25	100.75	91.97	95.73

续上表

试　　样	屈　服　应　力			平　均　值
	(1)	(2)	(3)	
4 号	82.14	86.12	82.11	83.46
5 号	166.74	175.39	168.24	170.12

注:(1)为 $v\text{-}\lg p$(图 3.10、图 3.12)所得到的屈服应力;(2)为 ME-p[图 3.14a)、图 3.16a)]所得到的屈服应力;(3)为 SD-p[图 3.14b)、图 3.16b)]所得到的屈服应力。

图 3.11 是 0 ~ 4 号试样含水率变化指标、体变指标与净平均应力之间的关系曲线。由图中可知,$\varepsilon_w\text{-}p$ 和 $w\text{-}p$ 关系可以近似用一条直线代替,直线的斜率用最小二乘法拟合,其值分别用 $\lambda_w(s)$ 和 $\beta(s)$ 表示并列于表 3.4 中。$\lambda_w(s)$ 和 $\beta(s)$ 的关系可由第 2 章中式(2.8)对 p 两边求导得来,并满足关系式(3.1)。

$$\lambda_w(s) = -\frac{G}{1+e_0}\beta(s) \tag{3.1}$$

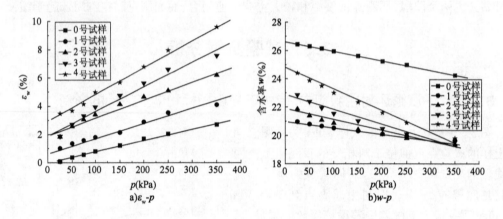

图 3.11　吸力 50kPa 不同干湿循环次数试样的 $\varepsilon_w\text{-}p$ 和 $w\text{-}p$ 关系

表 3.4 中 $\lambda_w(s)$ 和 $\beta(s)$ 关系也基本符合上式的关系。从图 3.11a)中可知,相同吸力、不同干湿循环次数的试样,其含水率下降斜率不一致,干湿循环次数越多,含水率下降越多,斜率越小。这与试样干湿循环次数越多含水率越大有关,并且与干湿循环次数越多,试验每级荷载所需时间越长有关。

试验相关的土性参数值 表 3.4

试　　样	直　线　斜　率						水相体变指标	
	屈服前			屈服后				
	(1)	(2)	(3)	(1)	(2)	(3)	$\beta(s)$	$\lambda_w(s)$
0 号	−0.0741	0.3807	−0.1879	−0.1542	0.2048	−0.0399	0.0088	−0.0061
1 号	−0.0507	0.2602	−0.1273	−0.0893	0.3483	−0.0204	0.0083	−0.0050
2 号	−0.0568	0.5502	−0.1399	−0.1316	0.2387	−0.0439	0.0148	−0.0096

续上表

试　样	直 线 斜 率						水相体变指标	
	屈服前			屈服后				
	（1）	（2）	（3）	（1）	（2）	（3）	$\beta(s)$	$\lambda_w(s)$
3 号	−0.0647	0.6271	−0.1618	−0.1366	0.3672	−0.0411	0.0201	−0.0146
4 号	−0.0941	0.8608	−0.2272	−0.1344	0.3490	−0.0372	0.0236	−0.0153
5 号	−0.0557	0.4540	−0.0548	−0.1715	0.1584	−0.0235	0.0212	−0.0159

注：（1）为 ν-$\lg p$（图 3.10、图 3.12）所得到的屈服应力点前后的直线段斜率；（2）为 ME-p[图 3.15a）、图 3.17a）]所得到的屈服应力点前后的画线段斜率；（3）为 SD-p[图 3.15b）、图 3.17b）]所得到的屈服应力点前后的直线段斜率。

3.3.2 吸力对屈服应力、含水率变化指标和体变指标的影响

4 号试样和 5 号试样在干湿循环 4 次后进行不同吸力下的各向等压加载试验，图 3.12、图 3.13a）和 3.13b）分别是两个试样的 ν-$\lg p$、ε_w-p 和 w-p 关系。图 3.12 中吸力 100kPa 的 5 号试样屈服应力明显大于吸力为 50kPa 的 4 号试样，这与文献[60]结果相同：吸力越大，屈服应力越大。本章中干湿循环次数相同可认为初始损伤相同，吸力越大，屈服应力越大。

图 3.13 与图 3.11 相似，ε_w-p 和 w-p 的关系可用一条直线代替，直线斜率差距不大，由于只做了一个干湿循环次数相同吸力不同的试验，故只能初步认为相同损伤不同吸力条件下的试样含水率变化指标和体变指标相等，其值见表 3.4。

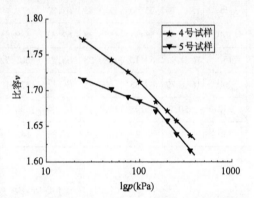

图 3.12 相同干湿循环次数、不同吸力试样的 ν-$\lg p$ 关系

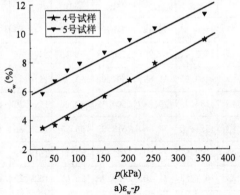

a）ε_w-p

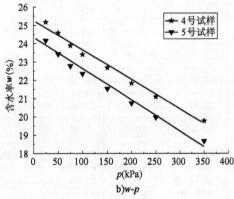

b）w-p

图 3.13 相同干湿循环次数、不同吸力试样的 ε_w-p 和 w-p 关系

3.3.3 干湿循环次数与 CT 扫描数据的关系分析

对取得的 CT 扫描图像进行两部分分析,如图 2.17 所示。小圆面积控制为 $305mm^2$,大圆即为全区。大圆反映整体结构变化,而小圆反映试样内部结构变化。0~4 号试样所得到的 CT 扫描数据分别列于表 3.5~表 3.9 中。

0 号试样各应力状态下的扫描数据　　　　　　　　　　表 3.5

0 号试样	小　圆						大　圆					
	a 截面		b 截面		ME 均值	SD 均值	a 截面		b 截面		ME 均值	SD 均值
$p(kPa)$	ME	SD	ME	SD			ME	SD	ME	SD		
0	1579.23	73.3	1527.26	100.44	1553.24	86.87	1525.46	112.47	1476.14	105.78	1500.80	109.12
25	1595.88	71.11	1542.21	79.99	1569.04	75.55	1533.84	119.08	1509.72	102.27	1521.78	110.67
50	1596.79	70.7	1546.55	69.17	1571.67	69.93	1529.87	114.41	1524.09	88.52	1526.98	101.46
75	1593.15	55.06	1565.83	67.83	1579.49	61.44	1543.82	104.43	1529.1	85.42	1536.46	94.92
100	1603.52	53.31	1576.38	67.32	1589.95	60.31	1556.15	101.6	1542.53	84.08	1549.34	92.84
150	1619.91	52.16	1583.53	65.54	1601.72	58.85	1573.67	95.95	1558.19	75.77	1565.93	85.86
200	1641.79	49.86	1600.45	66.11	1621.12	57.98	1586.8	91.44	1571.58	74.03	1579.19	82.73
250	1650.2	46.98	1619.34	63.28	1634.77	55.13	1605.92	84.85	1590.05	72.79	1597.98	78.82
350	1658.2	48.77	1628.34	57.85	1643.27	53.31	1620.12	81.21	1604.33	69.34	1612.22	75.27

1 号试样各应力状态下的扫描数据　　　　　　　　　　表 3.6

1 号试样	小　圆						大　圆					
	a 截面		b 截面		ME 均值	SD 均值	a 截面		b 截面		ME 均值	SD 均值
$p(kPa)$	ME	SD	ME	SD			ME	SD	ME	SD		
0	1547.23	73.48	1567.76	67.34	1557.50	70.41	1536.34	90.12	1549.39	69.03	1542.87	79.58
25	1556.24	72.94	1581.64	65.96	1568.94	69.45	1562.41	87.96	1580.88	65.15	1571.65	76.56
50	1569.78	65.56	1596.28	59.78	1583.03	62.67	1563.95	81.83	1594.94	63.20	1579.45	72.52
75	1578.73	62.59	1604.78	55.71	1591.76	59.15	1584.38	79.84	1604.39	59.68	1594.39	69.76
100	1585.66	60.23	1613.77	53.42	1599.72	56.83	1581.90	77.86	1613.82	56.87	1597.86	67.37
150	1604.92	58.79	1625.85	52.02	1615.39	55.41	1602.52	75.90	1625.03	54.11	1613.78	65.01
200	1611.72	57.09	1639.31	51.36	1625.52	54.23	1617.52	71.20	1636.92	56.65	1627.22	63.93
250	1623.86	55.55	1648.51	51.16	1636.19	53.36	1626.17	70.16	1656.32	54.78	1641.25	62.47
350	1647.27	52.48	1671.11	50.17	1659.19	51.33	1652.61	69.87	1678.99	52.05	1665.80	60.96

2 号试样各应力状态下的扫描数据 表 3.7

2 号试样	小　圆						大　圆					
	a 截面		b 截面		ME 均值	SD 均值	a 截面		b 截面		ME 均值	SD 均值
p(kPa)	ME	SD	ME	SD			ME	SD	ME	SD		
0	1531.57	95.12	1545.79	79.32	1538.68	87.22	1517.45	95.22	1547.28	78.43	1532.37	86.83
25	1540.77	94.14	1567.72	76.70	1554.25	85.42	1529.21	94.99	1559.31	75.01	1544.26	85.00
50	1552.42	89.59	1583.07	72.15	1567.75	80.87	1548.16	89.09	1580.58	74.04	1564.37	81.57
75	1570.71	86.83	1596.52	69.17	1583.62	78.00	1562.62	86.16	1590.92	66.87	1576.77	76.52
100	1582.52	84.11	1610.04	65.41	1596.28	74.76	1576.63	81.24	1601.99	68.80	1589.31	75.02
150	1600.76	80.42	1627.53	62.34	1614.15	71.38	1600.09	76.39	1628.62	68.15	1614.36	72.27
200	1609.69	78.47	1632.32	60.85	1621.01	69.66	1608.92	73.29	1632.83	64.62	1620.88	68.96
250	1619.71	72.38	1646.62	56.74	1633.17	64.56	1620.05	70.81	1646.52	61.74	1633.29	66.28
350	1650.03	66.11	1670.81	54.50	1660.42	60.31	1650.24	64.61	1671.45	61.94	1660.85	63.28

3 号试样各应力状态下的扫描数据 表 3.8

3 号试样	小　圆						大　圆					
	a 截面		b 截面		ME 均值	SD 均值	a 截面		b 截面		ME 均值	SD 均值
p(kPa)	ME	SD	ME	SD			ME	SD	ME	SD		
0	1510.34	117.78	1514.32	91.09	1512.33	104.44	1498.11	105.45	1531.91	88.32	1515.01	96.89
25	1536.85	103.41	1530.13	89.29	1533.49	96.35	1515.71	98.04	1564.72	85.82	1540.22	91.93
50	1547.43	96.46	1549.96	85.34	1548.70	90.90	1533.16	91.83	1579.63	83.79	1556.40	87.81
75	1559.56	89.66	1571.79	82.69	1565.68	86.18	1548.32	85.33	1597.76	81.42	1573.04	83.38
100	1583.85	81.40	1580.02	80.69	1581.94	81.05	1560.70	82.71	1609.83	77.12	1585.27	79.92
150	1604.87	77.20	1601.70	76.22	1603.29	76.71	1581.69	79.70	1624.05	74.80	1602.87	77.25
200	1626.36	74.43	1626.35	75.01	1626.36	74.72	1605.09	77.57	1645.67	74.49	1625.38	76.03
250	1642.42	70.34	1638.94	74.42	1640.68	72.38	1622.26	73.40	1657.42	70.41	1639.84	71.91
350	1674.84	62.16	1680.15	69.95	1677.50	66.06	1656.23	69.96	1699.10	68.91	1677.67	69.44

4 号试样各应力状态下的扫描数据 表 3.9

4 号试样	小　圆						大　圆					
	a 截面		b 截面		ME 均值	SD 均值	a 截面		b 截面		ME 均值	SD 均值
p(kPa)	ME	SD	ME	SD			ME	SD	ME	SD		
0	1469.08	106.85	1497.49	147.35	1483.29	127.10	1454.71	101.12	1492.18	133.12	1473.45	117.12
25	1517.12	104.95	1538.14	125.55	1527.63	115.25	1505.76	98.28	1518.06	105.27	1511.91	101.78
50	1541.43	103.02	1565.46	111.40	1553.45	107.21	1533.22	94.02	1543.46	102.07	1538.34	98.05
75	1565.92	99.45	1579.36	97.46	1572.64	98.46	1549.70	89.92	1560.20	90.92	1554.95	90.42
100	1574.99	96.08	1594.25	93.59	1584.62	94.84	1563.73	85.20	1574.12	84.26	1568.93	84.73
150	1605.57	89.33	1610.61	86.37	1608.09	87.85	1592.74	84.69	1600.78	79.63	1596.76	82.16

4号试样	小 圆						大 圆					
	a 截面		b 截面		ME 均值	SD 均值	a 截面		b 截面		ME 均值	SD 均值
p(kPa)	ME	SD	ME	SD			ME	SD	ME	SD		
200	1619.95	87.09	1634.79	80.31	1627.37	83.70	1609.09	85.57	1620.44	76.29	1614.77	80.93
250	1623.11	84.03	1647.23	75.97	1635.17	80.00	1624.20	82.79	1629.42	75.80	1626.81	79.30
350	1665.21	78.61	1679.53	66.59	1672.37	72.60	1654.07	78.96	1665.61	71.18	1659.84	75.07

图 3.14、图 3.15 分别是 0~4 号试样小圆、大圆 CT 扫描数据与净平均应力之间的关系曲线。从图中可知,干湿循环次数越多,CT 数 ME 越小,方差 SD 越大。ME-p 和 SD-p 曲线可以作为判断试样屈服应力点的另一种方法。由此确定的屈服应力值列于表 3.3。屈服点前后的 CT 扫描数据均可近似位于一条直线上,据此可认为两直线的交点为试样的屈服应力点。

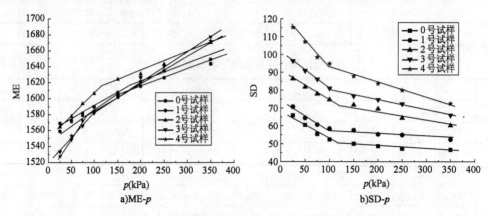

a)ME-p 　　　　　　　　　　　　　b)SD-p

图 3.14　吸力 50kPa 不同干湿循环次数试样的小圆扫描数据与 p 的关系

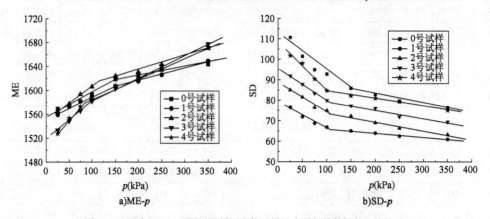

a)ME-p 　　　　　　　　　　　　　b)SD-p

图 3.15　吸力 50kPa 不同干湿循环次数试样的大圆扫描数据与 p 的关系

由于试样小圆只反映内部结构变化,而且小圆 CT 扫描数据变化基本与大圆扫描数据变化规律相似,故试样屈服应力值采用大圆 ME-p 和 SD-p 曲线所确定的值。图 3.15 中屈服点前后的直线度斜率列于表 3.4 中,可知屈服点前直线段斜率绝对值随着干湿循环次数的增加逐渐增大,而屈服点后直线段斜率基本没有变化。

图 3.14 和图 3.15 与文献[133]中黄土屈服有所不同:文献[133]中屈服点前,CT 数 ME

随着净平均应力的增长很小,甚至出现减小趋势;而屈服点后 CT 数 ME 却迅速增加。本章中屈服点前 CT 数 ME 迅速增长、方差 SD 迅速下降,而屈服点后 ME 的增长和 SD 的下降均趋于平稳。这主要是因为干湿循环后的土样自身存在较多的裂隙和空洞,在较小的净平均应力作用下,裂隙和空洞会迅速闭合;而文献[133]中的黄土虽有不少裂隙和空洞,但自身的强度和结构性都较强,在试验初期能够暂时抵御外力的作用;而试验后期由于较大的净平均应力作用,试样发生屈服后,结构遭到了破坏,使得 CT 数迅速增长。本章中的土样在试验后期,裂隙和空洞基本闭合后,由于自身密度的增长变缓,使得 ME 和 SD 上升和下降变缓。

3.3.4　吸力对 CT 扫描数据变化的影响

5 号试样与 4 号试样都经过 4 次干湿循环,但前者施加了 100kPa 的吸力,其各级荷载作用下的扫描数据见表 3.10,表中净平均应力等于 0 表示试样干湿循环后无约束条件下扫描所得的结果。由于施加了较大的吸力,这对试样的屈服应力和扫描数据产生很大的影响。图 3.16 和图 3.17 是 4 号试样和 5 号试样大、小圆扫描数据的对比图。大、小圆 ME 值变化较为相似,而 SD 值两图中却存在差异,主要由于 4 号试样大、小圆 SD 值变化差异较大造成。图 3.16 和图 3.17 中屈服点前后,5 号试样的 ME 值增长和 SD 值减少都要小于 4 号试样;即使相同的净平均应力作用下,5 号试样的 ME 值和 SD 值均大于 4 号试样,这与文献中结论随着吸力的增大,CT 数变化率减小相一致。

5 号试样各应力状态下的扫描数据　　　　　　　　　　　　表 3.10

5 号试样	小　圆						大　圆					
	a 截面		b 截面		ME 均值	SD 均值	a 截面		b 截面		ME 均值	SD 均值
p(kPa)	ME	SD	ME	SD			ME	SD	ME	SD		
0	1453.33	132.85	1464.62	107.01	1458.98	119.93	1454.01	111.76	1461.74	105.00	1457.88	108.38
25	1555.15	100.86	1567.21	89.53	1561.18	95.20	1549.11	93.08	1559.39	91.19	1554.25	92.14
50	1566.99	98.15	1573.15	89.40	1570.07	93.78	1552.04	89.00	1570.66	89.90	1561.35	89.45
75	1574.37	95.37	1593.83	83.81	1584.10	89.59	1563.83	89.58	1581.15	86.87	1572.49	88.23
100	1586.43	92.67	1599.56	82.44	1593.00	87.56	1569.88	87.68	1591.78	85.54	1580.83	86.61
150	1615.83	87.32	1619.84	80.48	1617.84	83.90	1596.44	86.60	1609.69	83.48	1603.07	85.04
200	1634.53	85.67	1640.24	76.04	1637.39	80.86	1622.75	83.85	1629.80	82.06	1626.28	82.96
250	1649.90	72.27	1650.64	80.34	1650.27	76.31	1650.81	81.82	1639.26	81.23	1645.04	81.53
350	1663.18	73.16	1668.51	70.39	1665.85	71.78	1643.96	78.97	1658.46	79.79	1651.21	79.38

由图 3.16 和图 3.17 确定的 5 号试样屈服应力、屈服前后直线段的斜率分别列于表 3.3 和表 3.4 中。图 3.16、图 3.17 中 5 号试样 ME 增长趋势和 SD 下降趋势均大于 4 号试样,而试验后期 4 号试样 ME 和 SD 均超过 5 号试样,这与 5 号试样密实度且施加较大吸力有关。由于气体的 CT 数等于 −1000HU,在相同的干湿循环次数和净平均应力条件下,吸力较大的试样 CT 数会更小些。但试验结果与之相反,主要原因:虽然吸力的加大使 CT 数减小,但是试样自身存在的裂隙在外部荷载的作用下,迅速闭合且密实度提高使 CT 数增大,而且这种增大趋势要大于吸力对 CT 数减小的趋势,所以导致了这种现象。

5 号试样的屈服应力要高出 4 号试样 1 倍,这个数据要大于文献[134]相关结论,这可能与土样干湿循环造成较大损伤有关。由于本章中只做了一个吸力为 100kPa 的试验,吸力干湿循环后的试样不同吸力状态下的屈服应力的变化规律研究有待进一步深化。

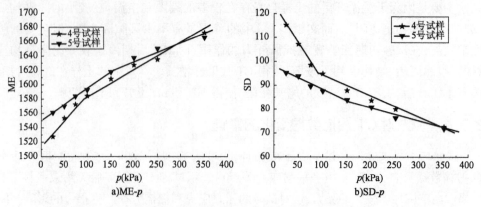

图 3.16　相同干湿循环次数不同吸力试样的小圆扫描数据与 p 的关系

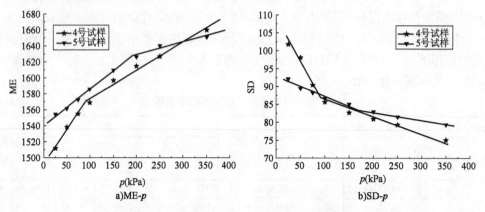

图 3.17　相同干湿循环次数不同吸力试样的大圆扫描数据与 p 的关系

3.4　结构损伤对屈服应力影响规律的初步探讨

前文通过扫描数据 ME 和 SD 与净平均应力 p 的关系曲线,找到另外一种屈服应力的确定方法。各试样的屈服应力随干湿循环次数以及吸力变化的值列于表 3.3 中,初步可认识到初始损伤及吸力对屈服应力的影响:随着干湿循环次数的增加,屈服应力逐渐减小;随着吸力的增加,屈服应力迅速增大。可见损伤和吸力同时对屈服应力的变化产生影响。本章中只做了 1 组干湿循环次数相同而吸力不同的压缩试验,故屈服应力随着吸力和干湿循环次数的共同影响无法同时考虑到,只能先研究初始损伤大小对土样屈服特性的影响。

表 3.3 中由 v-lg$p$、ME-p 和 SD-p 确定的屈服应力相差并不是太大,对三者确定的屈服应力做平均处理,由此得出的平均值作为本次试验各试样的屈服应力值。

3.4.1　膨胀土结构性对其屈服的影响

土的结构性是对土的联结和排列两个方面综合反映[135]。CT 数 ME 反映了密度的大小,

ME 越大,土越密实,土颗粒之间的联结越强;方差 SD 反映物质点的不均匀程度,SD 值越小,土颗粒排列分布越均匀。故采用 CT 数 ME 和方差 SD 就可以反映土的结构性。

基于 CT 数 ME 定义干湿循环过程中的结构参数 m_c,由下式确定:

$$m_c = \frac{ME - ME_f}{ME_i - ME_f} \tag{3.2}$$

本次试验中,0 号试样没有进行干湿循环,并且对试样两个截面 CT 扫描,可认为是没有损伤的土样,其相应的 CT 数用 ME_i 表示,其值为 1553.32;4 号和 5 号试样分别进行了 4 次干湿循环,裂隙发育非常明显,可认为是完全损伤土样,两者相应的 CT 数 ME 用 ME_f 表示,其值为 1465.67,但是试样损伤可继续发展,故 ME_f 取为 1440。式(3.2)中 ME 表示干湿循环过程中的对应的 CT 数。由于试样干湿循环只扫描最后一次,故表 3.11 中得到的结构参数可认为是试样的初始结构参数。如表 3.11 所示,没有损伤的 0 号试样结构性最强,结构参数为 1;随着损伤的加大,试样初始结构性逐渐减小,4 次循环后试样结构性最差。

试样结构参数值　　　　　　　　　　　　　　　　　　　　　　　表 3.11

试　样	初　始　扫　描		屈　服　扫　描		m_c	m_p	m
	ME	SD	ME	SD			
0 号	1553.32	74.87	1614.32	53.51	1.00	0.57	1.57
1 号	1542.86	79.57	1607.51	63.31	0.90	0.53	1.43
2 号	1532.36	86.82	1597.79	73.27	0.81	0.47	1.28
3 号	1515.01	96.88	1585.24	80.51	0.66	0.41	1.07
4 号	1473.15	117.12	1568.13	88.25	0.30	0.35	0.65

对于加载过程中的结构性,基于 CT 数 ME 定义其结构参数为 m_p。

$$m_p = \frac{ME - ME_i}{ME_f - ME_i} \tag{3.3}$$

从图 3.15 中可知,4 号试样第一次扫描 ME 最小、最后一次扫描 ME 最大,两者可分别作为 ME_i 和 ME_f,其值分别等于 1540.22 和 1677.67。同时由于试样干湿循环仍能继续以及所受荷载可继续增大,分别取 ME_i 和 ME_f 为 1500 和 1700。式(3.3)中 ME 表示任意加载过程中对应的 CT 数。加载过程中的结构参数也列于表 3.11 中。对于同一试样,随着荷载的增大,原有结构逐渐修复,产生新的结构,使得结构参数逐渐增大;而对于不同扫描次数的试样屈服点来说,初始损伤越大,屈服发生得越快,其屈服点对应的结构参数也越小。

由于干湿循环对试样产生了初始损伤,并形成了初始结构;随着荷载的施加,原有结构的消失以及新的结构产生,势必又对结构性产生影响,所以认为结构参数 m 是由干湿循环形成的结构参数 m_c 和加载过程中的结构参数 m_p 两部分共同组成的,即:

$$m = m_c + m_p \tag{3.4}$$

图 3.18 是屈服应力 p(表 3.3)与结构参数 m[由式(3.4)计算]之间的关系曲线。由图中可知,随着干湿循环次数的增加,结构参数呈递减趋势,下式较好地反映两者的关系:

$$p_0 = p_{0i} \exp(m - m_{0i}) \tag{3.5}$$

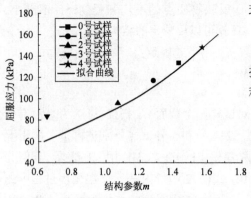

图 3.18　屈服应力与结构参数之间的关系

式中：p_{0i}，m_{0i}——分别为未经历干湿循环试样的屈服应力及其所对应的结构参数。

Gens 和 Alonso[35] 将修正后的剑桥模型延拓，提出了巴塞罗那膨胀土模型（BExM），屈服面方程为：

LC 屈服面：

$$f_1(p,q,s,p_0^*) \equiv q^2 - M^2(p+p_s)(p_0-p) = 0 \tag{3.6}$$

SI 屈服面：

$$f_2(s,s_0) \equiv s - s_0 = 0 \tag{3.7}$$

其中：

$$p_s = ks \tag{3.8}$$

$$\frac{p_0}{p_c} = \left(\frac{p_0^*}{p_c}\right)^{\frac{[\lambda(0)-k]}{[\lambda(s)-k]}} \tag{3.9}$$

$$\lambda(s) = \lambda(0)[(1-r)\exp(-\beta s) + r] \tag{3.10}$$

上述式中，p_0 为吸力等于某一特定值时的非饱和土的屈服净平均应力；p_c 为参考应力；p_0^* 为饱和状态下的屈服净平均应力；s_0 为屈服吸力，二者都是硬化参数；p_s 为某吸力下 CSL 线在 p 轴上的截距；k 为描述黏聚力随吸力增大的参数；M 为饱和条件下的临界状态线的斜率；$\lambda(s)$ 为某吸力下净平均应力加载屈服后的压缩指数，当土饱和时，等于 $\lambda(0)$；r 为土最大刚度相关的常数，$r = \lambda(s\to\infty)/\lambda(0)$；$\beta$ 为控制土刚度随吸力增长速率的参数。

本书中暂不考虑损伤对 SI 屈服面的影响，将式（3.5）带入式（3.6）中，得到反映损伤对屈服影响的 LC 屈服面方程：

$$f_1(p,q,s,p_0^*) \equiv q^2 - M^2(p+p_s)[p_{0i}\exp(m-m_{0i})-p] \tag{3.11}$$

由上式可知随着损伤程度的加大，屈服应力随之减小，其 LC 屈服面也会减小。文献[136]中各向同性损伤的作用使屈服面的半径减小，并改变屈服面中心的位置，这一研究结果与本章结论一致。由表 3.4 可知，土样加载屈服前压缩指数（ν-lg$p$ 确定）随着干湿循环次数的增加，其值逐渐减大；而加载屈服后压缩指数并没有随损伤程度的加大而发生较大变化，据此可认为损伤对土样加载屈服后的压缩指数并不产生过大影响，可取其均值为 $\lambda(s)$。

3.4.2　膨胀土结构损伤对其屈服的影响

表 3.12 是试样各阶段的体应变值，其中 ε_{vc} 表示干湿循环后试样累计体应变值：

$$\varepsilon_{vc} = \sum_{i=0}^{n}\varepsilon_{vi} \tag{3.12}$$

式中，ε_{vi} 表示任意一次干湿循环后的体应变，由表 3.1 数据求得；ε_{vp} 则是屈服应力点对应体应变值（图 3.13）；ε_v 是干湿循环后的体应变与单独加载屈服时体应变之和，即：

$$\varepsilon_v = \varepsilon_{vc} + \varepsilon_{vp} \tag{3.13}$$

试 样 体 应 变 值　　　　　　　　　　　　表 3.12

试　样	体　应　变		
	ε_{vc}	ε_{vp}	ε_{v}
0 号	0.000	0.042	0.042
1 号	0.079	0.036	0.115
2 号	0.127	0.042	0.169
3 号	0.158	0.039	0.197
4 号	0.167	0.050	0.217

图 3.19 是结构参数与总体应变 ε_v 之间的关系曲线。从图中可知结构参数随着体应变的增加而减小,可用下式描述:

$$m = m_{0i} - \exp(a + b\varepsilon_v) \tag{3.14}$$

式(3.14)中 m 和 m_{0i} 的定义前已述及;a,b 为土性参数,本次试验分别等于 -4.99 和 21.73。将式(3.14)代入式(3.11),即得考虑损伤的 LC 屈服面表达式:

$$f_1(p,q,s) \equiv q^2 - M^2(p+p_s)\{p_{0i}\exp[-\exp(a+b\varepsilon_v)]-p\} \tag{3.15}$$

通过式(3.14),式(3.15)把屈服应力与宏观体应变相联系,为工程应用提供了方便。

由表3.11 和表3.12 可知,m 和 m_c 以及 ε_v 和 ε_{vc} 有相似的变化规律,为了简化结构损伤与屈服应力的关系,直接将干湿循环后的结构参数 m_c 与屈服应力 p 联系起来。图 3.20 即为两者之间的关系曲线,与图 3.19 相比,两条曲线的形状相似。从而式(3.5)可简化为:

$$p_0 = p_{0i}\exp(m_c - 1) \tag{3.16}$$

式中符号与式(3.6)相同,相应地,式(3.11)简化为:

$$f_1(p,q,s) \equiv q^2 - M^2(p+p_s)[p_{0i}\exp(m_c-1)-p] \tag{3.17}$$

同时,可将干湿循环后的结构参数与干湿循环后的体应变联系起来(图 3.21),用式(3.18)反映两者关系:

$$m_c = 1 - \exp(a + b\varepsilon_{vc}) \tag{3.18}$$

式中,a、b 为土性参数,其值分别等于 -5.67 和 29.68。则式(3.11)可以简化为:

$$f_1(p,q,s) \equiv q^2 - M^2(p+p_s)\{p_{0i}\exp[-\exp(a+b\varepsilon_{vc})]-p\} \tag{3.19}$$

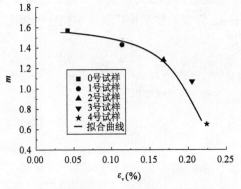

图 3.19　结构参数 m 与总体应变 ε_v 之间的关系

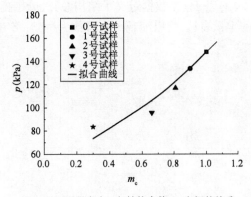

图 3.20　屈服应力 p 与结构参数 m_c 之间的关系

图 3.22 是屈服面的空间形式,可以看出屈服面随着损伤度的加大而减小。损伤后膨胀土屈服应力和屈服吸力均小于未损伤的膨胀土,在 $p-s$ 平面和 $p-s-q$ 三维空间上,原状土弹性区的范围要大于未损伤土,这与结构性损伤密切相关。

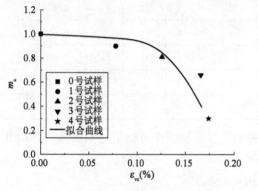

图 3.21　结构参数 m_c 与体应变 ε_{vc} 之间的关系

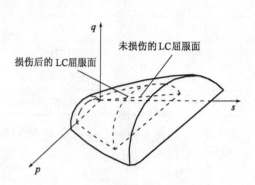

图 3.22　损伤后的屈服面空间形式

3.5　本 章 小 结

为研究损伤大小对土样屈服特性的影响,首先对重塑后的膨胀土进行不同次数的干湿循环,再对干湿循环后具有不同程度裂隙的试样进行各向同性加载试验,并对施加荷载后的土样进行实时跟踪 CT 扫描,研究屈服过程中土样内部细观结构变化情况。试验结果表明:

（1）裂隙膨胀土在各向等压加载过程中存在明显屈服现象,依据屈服点可以将体变分为快速体缩段和缓慢体缩段。加载初期,试样体缩较为明显,这与裂隙在荷载作用下闭合并演化成孔洞有关;加载后期,孔洞较难闭合且形成的新结果有了抵御外部荷载的能力,使得体缩变得较为缓慢。

（2）ME-p 和 SD-p 曲线中,同一土样的试验点近似位于两相交的直线段上。两直线段的交点可作为屈服应力点。土样初始损伤程度越大,屈服应力越小;土样所受吸力越大,屈服应力越大。土样屈服前压缩指数随着损伤程度的加大逐渐增大,土样屈服后压缩指数近似为一常数。

（3）基于 CT 数据定义了结构参数,分别提出了细观结构参数与屈服应力和宏观体应变之间的定量表达式,以细观结构参数为桥梁,将 Barcelona 膨胀土模型推广到结构损伤的情况。

第4章 膨胀岩及换填非饱和粉质黏土关键水力性质

南水北调中线工程安阳段渠坡地处膨胀岩地区,由于膨胀岩具有胀缩性、崩解性和裂隙性,给渠坡工程带来了难以预料的危害。以往对膨胀岩的研究主要侧重于其膨胀应力、应变和抗剪强度,且多是对重塑试样进行研究,对原状试样的研究并不多见。为了深入了解渠坡膨胀岩的细观结构特征、持水特性和渗水特性,本章对膨胀岩进行了 CT 扫描、干湿循环前后土-水特征曲线及饱和渗透系数的测定,分析了膨胀岩的非饱和渗水特性[137]。

引水渠坡须对局部膨胀土进行必要换填,一般就近采用非饱和粉质黏土作为换填料。作为换填料的非饱和粉质黏土,其水力特性亦是研究人员关注的重要内容。土-水特征曲线描述了土的含水率(或饱和度)与基质吸力的关系,反映了土的持水性的高低,是非饱和土的重要本构关系之一。而渗透系数则是定量研究土的渗水特性的关键点。为了系统研究换填粉质黏土的持水特性和渗水特性,本章针对不同干密度、应力状态和应力路径对换填粉质黏土进行土-水特征曲线试验以及不同干密度的换填粉质黏土的饱和渗透系数试验。按 Fredlund 和 Xing[138] 提出的非饱和土渗透系数的预测方法,利用换填土的土-水特征曲线和饱和渗透系数对其非饱和渗透系数进行了预测,并分析了干密度和基质吸力对换填粉质黏土渗透系数的影响规律。

4.1 干湿循环对膨胀岩水力性质影响规律

4.1.1 膨胀岩的细观结构特征

膨胀岩原状试样取自南水北调中线工程安阳段南田村渠坡,初始含水率为6.94%,自由膨胀率为41%,一维无荷膨胀率最大为3.88%,属于微膨胀岩[139]。为了深入了解膨胀岩的细观结构特征,采用后勤工程学院汉中 CT-三轴科研工作站的 CT 机(见前文第2章图2.1)对膨胀岩试样进行了 CT 扫描。CT 机的扫描参数见表4.1。为方便研究,需将膨胀岩制成圆柱形试样,考虑其裂隙较多,对其进行了手工打磨(图4.1)。未打磨试样的尺寸大约为 24cm×24cm×24cm[图4.2a)],打磨后,试样直径和高度分别为 61.8mm 和 40mm[图4.2b)],刚好能装进环刀(环刀直径和高度分别为 61.8mm、40mm)。

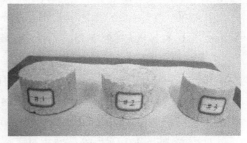

图 4.1 膨胀岩力环刀状试样

CT 机的扫描参数 表 4.1

电压(kV)	电流(mA)	时间(s)	层厚(mm)	放大系数
120	165	3	3	5

对膨胀岩进行扫描前,先将边界线画在试样上,以方便 CT 机定位。扫描横截面均大致位于垂直于扫描截面方向试样尺寸的三等分点处,对于未打磨试样,共扫描了两个横向截面(A、B)和两个竖向截面(C、D),见图 4.2a);对打磨试样,扫描了平行于底面的两个截面(a、b),见图 4.2b)。

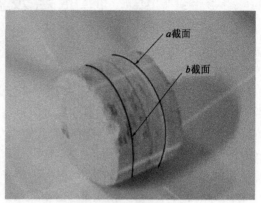

a)膨胀岩未打磨试样　　　　　　　　　　　　b)膨胀岩打磨试样

图 4.2　膨胀岩试样进行 CT 扫描的位置

为避免肉眼对图像观察所产生的误差,在处理 CT 扫描图像时,需设定好窗宽(Window Width)和窗位(Window Level)。窗宽即显示图像上包括的 16 个灰阶 C 值的范围。窗位是指 CT 图像上黑白刻度中心点的 CT 值范围。扫描数据中,CT 数 ME 反映试样密度的大小,ME 越大,试样越密实;方差 SD 反映试样的不均匀程度,SD 值越大,土颗粒排列越不均匀。由于窗宽和窗位的设定值并不影响 ME 和 SD 的大小,为便于观察,CT 图像的窗宽和窗位分别设定为 3200 和 2100。

图 4.3 和图 4.4 分别是膨胀岩未打磨试样和打磨试样的 CT 扫描图像。浅色部位表示该部位密度较高,深色部位表示该部位密度较低。对 CT 扫描图像的特征描述如下:

(1)未打磨试样

A 截面:如图 4.3a)所示,共量测了 173.4cm² 的区域,ME 值为 2230.0,SD 为 387.4;ME 值最大处面积为 2.2cm²,ME 值为 2926.4;靠近截面边缘处有一条长 5.6cm 的裂缝清晰可见,另外有细小裂纹若干条,大多分布在截面周边。

B 截面:如图 4.3b)所示,截面周边破碎,肉眼可见 3 条明显的裂缝(长度分别为 4.2cm、5.1cm 和 6.8cm)以及细小裂纹若干条;截面中部相对完整,量测了 36.7cm² 的区域,ME 值为 2470.7,SD 为 186.1。

C 截面:如图 4.3c)所示,截面破碎,存在约 15.4cm² 的软弱区域,位于截面周边,ME 值为 1462.9,SD 为 613.7;中部有 34.6cm² 的区域相对完整,ME 值为 2457.9,SD 为 210.8;整个平面内 ME 均值为 2085.9,SD 为 465.4。

D 截面:如图 4.3d)所示,截面相对完整,量测了 118.0cm² 的区域,ME 值为 2442.4,SD 为 254.2。

(2)打磨试样

a 截面:如图 4.4a)所示,共量测了 28.8cm² 的区域,ME 均值为 2332.2,SD 为 171.6;有 0.9cm² 的区域密度较高,ME 值为 2607.5,SD 为 163.1,截面无明显裂缝。

b 截面:如图 4.4b)所示,共量测了 28.8cm² 的区域,ME 均值为 2361.6,SD 为 133.9;有两

处密度较大,面积分别为 2.0cm²、0.4cm²,ME 值分别为 2606.0、2601.4,SD 分别为 121.0、98.0;可见三条细小裂纹,均位于截面周边。

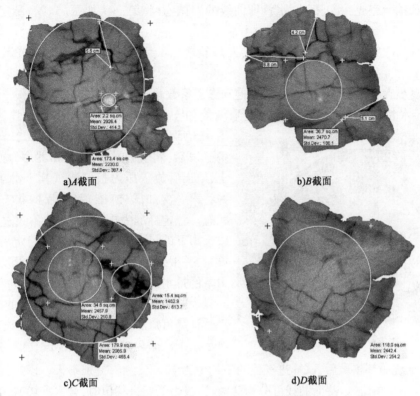

图4.3　膨胀岩未打磨试样 CT 扫描图像

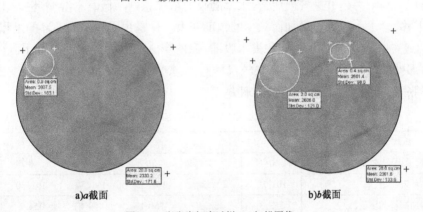

图4.4　膨胀岩打磨试样 CT 扫描图像

综上所述,膨胀岩 ME 值最大为 2926.4,最小为 1462.9.0,相差 1 倍左右;方差 SD 最大为 613.7,最小为 98.0,相差 5 倍多。存在明显裂缝,长度最大为 6.8cm,占截面最大边长的 28.33%。这反映了膨胀岩内部裂隙发育,结构松散,部分未崩解碎化的颗粒密度较高。

4.1.2　干湿循环对膨胀岩土-水特征曲线的影响

共对 3 个打磨后的膨胀岩试样进行了试验研究,步骤如下:

(1)将打磨试样套上环刀(前文图4.1),用真空饱和法饱和24h;

(2)饱和后,将环刀试样装入渗透仪,进行首次渗水试验;

(3)渗水试验完成后,进行土-水特征曲线的测试,并将第一次加压(5kPa)稳定后的状态作为起始状态;

(4)步骤(3)完成后,将环刀试样放入烘箱中,温度控制在35℃,在无鼓风状态下烘干24h;

(5)重复步骤(2)~(4),当所测得的饱和渗透系数趋于稳定值时,试验终止。

对于土-水特征曲线试验,试验装置采用美国土壤水分仪器公司生产的压力板仪,如

图4.5 压力板仪

图4.5所示。试样制备方法见4.1.2节。试样制备好以后,将其放入真空饱和器中,饱和24h以上,取出后放入压力板仪测试其土-水特征曲线,并将第一次加压(5kPa)稳定后的状态作为起始状态。稳定标准为排水量2h内不超过0.01g,每级吸力下的稳定时间约为48h。稳定后测定试样质量,并根据各级吸力下的试样质量反算各级吸力下的排水量[140]。

表4.2是膨胀岩土-水特征曲线的测试数据,经过计算可得膨胀岩的土-水特征曲线,如图4.6所示。干湿循环前,三个试样进气值的平均值为124.92kPa;干湿循环4次后,试样进气值的平均值为130.63kPa,差别不大。以进气值为分界点,干湿循环前后的土-水特征曲线可分为两段:当吸力低于进气值时,含水率随吸力增加而降低的幅度较小;当吸力超过进气值后,含水率随吸力增加急剧降低。干湿循环后,土-水特征曲线的位置下移,含水率随吸力增加而减少的幅度变大。这是由于在干湿循环的过程中,膨胀岩中的亲水性矿物不断发生吸水膨胀和失水收缩,促使膨胀岩破裂碎化。随着干湿循环次数的增加其内部颗粒级配发生变化[141],颗粒尺寸越来越单一,孔隙大小分布指标变大。在密度一定时,膨胀岩的颗粒尺寸越单一,持水性越差。

膨胀岩土-水特征曲线的测试数据   表4.2

试样编号		1号		2号		3号	
干湿循环次数		0	4	0	4	0	4
环刀质量(g)		101.28	101.28	101.30	101.30	101.30	101.30
环刀加试样的质量(g)		353.3	353.3	350.8	350.8	354.1	354.1
每级吸力下环刀加试样的质量(g)	$s=5kPa$	367.8	367.6	366.9	366.5	368.5	368.2
	$s=25kPa$	367.7	367.4	366.6	366.3	368.3	368.1
	$s=40kPa$	367.7	367.2	366.5	366.2	368.3	368.0
	$s=80kPa$	367.4	366.9	366.3	366.0	368.1	367.9
	$s=115kPa$	367.3	366.6	366.0	365.8	367.9	367.7
	$s=175kPa$	366.9	366.0	365.6	365.1	367.5	367.1

试样编号		1 号		2 号		3 号	
干湿循环次数		0	4	0	4	0	4
每级吸力下环刀加试样的质量（g）	$s=200\text{kPa}$	366.6	365.6	365.2	364.1	367.3	366.7
	$s=300\text{kPa}$	366.0	364.1	364.2	362.2	366.8	365.3
	$s=400\text{kPa}$	365.5	363.1	363.4	360.8	366.3	364.2
	$s=600\text{kPa}$	364.8	361.2	362.1	358.6	365.4	361.8

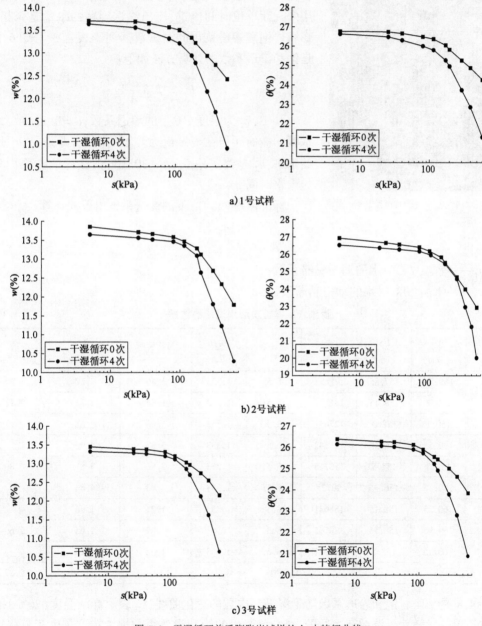

图 4.6 干湿循环前后膨胀岩试样的土-水特征曲线

4.1.3 干湿循环对膨胀岩渗水系数的影响

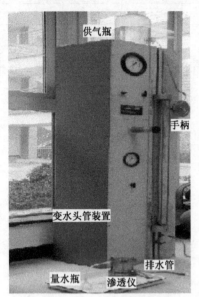

供气瓶

手柄

变水头管装置

排水管

量水瓶　渗透仪

图 4.7　变水头渗透试验装置

试验装置如图 4.7 所示,其主体部分是南京电力自动化设备厂生产的 DZS70 型变水头渗透仪。渗透仪由环刀、透水石、环套、上盖和下盖组成。环刀内径 61.8mm、高 40mm;透水石的渗透系数大于 1.0×10^{-3}cm/s;导水管一个最小分度(mm)对应的水的体积为 0.012cm^3,导水管可通过手柄升降控制高度;渗透仪排水管处用一个小玻璃瓶盛水,盛水的质量即实际排水量,可用来判断单位时间流进、流出渗透容器的水量是否相等。膨胀岩饱和渗透系数的测试数据列于表 4.3。式(6.26)是饱和渗透系数的计算方法如下:

$$k_T = 2.3 \frac{aL}{At} \lg \frac{h_1}{h_2} \tag{4.1}$$

其中,k_T 为温度 T℃下的渗透系数;$a = 0.12$cm^2,为导水管的截面面积;$L = 4$cm,为环刀的高度,即渗径;h_1 是起始水头,h_2 是终了水头;$A = 30$cm^2,为试样的断面面积;t 为渗水时间。

标准温度(20℃)下的渗透系数由下式计算:

$$k_{20} = k_T \frac{\eta_T}{\eta_{20}} \tag{4.2}$$

式中:η_T——水温 T℃时水的动力黏滞系数;

　　　η_{20}——水温 20℃时水的动力黏滞系数。

膨胀岩试样首次渗水试验的数据　　　　　　　　表 4.3

试样编号	h_1 (cm)	h_2 (cm)	t (s)	T (℃)	$\frac{\eta_T}{\eta_{20}}$	k_T ($\times 10^{-11}$m/s)	k_{20} ($\times 10^{-11}$m/s)	$\bar{k}_{20}$ ($\times 10^{-11}$m/s)
1 号	159.75	157.85	128655	8.5	1.353	1.56	2.10	
	160.2	158.15	131720	8.5	1.353	1.64	2.21	2.11
	160.1	158.3	127631	8.5	1.353	1.48	2.01	
2 号	160.55	156.55	115142	8.5	1.353	3.67	4.96	
	159.3	155.5	113715	8.5	1.353	3.56	4.81	4.80
	159.55	156.35	98725	8.5	1.353	3.43	4.64	
3 号	160.35	158.15	188631	8.5	1.353	1.23	1.66	
	159.95	158.55	120905	8.5	1.353	1.22	1.65	1.69
	160.15	158.8	107631	8.5	1.353	1.32	1.78	
平均值								2.87

图 4.8 是膨胀岩饱和渗透系数随干湿循环次数的变化曲线,k_{20} 表示标准温度(20℃)下的饱和渗透系数。随着干湿循环次数的增加,膨胀岩的饱和渗透系数增大。这是由于膨胀岩在

干湿循环的过程中,颗粒级配发生变化,持水性变差,渗透性增强。首次干湿循环对渗透系数的影响较小,这是因为膨胀岩试样内部较为密实,崩解碎化还不充分。随着干湿循环次数的增加,膨胀岩中的大颗粒逐渐崩解,在经历第2次干湿循环后,膨胀岩的渗透系数急剧增加,1～3号试样的渗透系数分别增大到初始渗透系数的15～20倍,之后,随着干湿循环次数的增加,渗透系数增长缓慢,逐渐趋于稳定值,此时膨胀岩的崩解碎化已经比较充分。不同试样渗透系数的差异可认为是初始密实度及内部颗粒级配的差异所致。膨胀岩试样干湿循环1次、2次、4次后渗水试验数据见表4.4～表4.6。

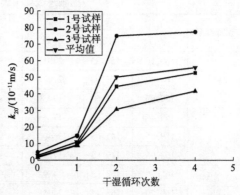

图4.8　膨胀岩饱和渗透系数随干湿循环次数的变化

膨胀岩试样干湿循环 **1** 次后渗水试验的数据　　　　　　　　　　　　表4.4

试样编号	h_1 (cm)	h_2 (cm)	t (s)	T (℃)	$\dfrac{\eta_T}{\eta_{20}}$	k_T (×10^{-11} m/s)	k_{20} (×10^{-11} m/s)	$\bar{k}_{20}$ (×10^{-11} m/s)
1号	159.85	155.6	69384	7.5	1.393	6.50	9.05	
	159.7	154.75	79201	7.5	1.393	6.65	9.26	9.17
	160	155.25	76352	7.5	1.393	6.60	9.20	
2号	158.4	152.95	57272	7.5	1.393	10.23	14.25	
	159.45	152.5	69323	7.5	1.393	10.75	14.98	14.68
	159.95	153.35	66261	7.5	1.393	10.64	14.82	
3号	160.15	155.25	80352	7.5	1.393	6.47	9.01	
	160	155.3	78352	7.5	1.393	6.37	8.87	8.94
	160.15	155.65	74352	7.5	1.393	6.41	8.93	
平均值								10.93

膨胀岩试样干湿循环 **2** 次后渗水试验的数据　　　　　　　　　　　　表4.5

试样编号	h_1 (cm)	h_2 (cm)	t (s)	T (℃)	$\dfrac{\eta_T}{\eta_{20}}$	k_T (×10^{-11} m/s)	k_{20} (×10^{-11} m/s)	$\bar{k}_{20}$ (×10^{-11} m/s)
1号	158.4	150.95	24917	9.0	1.334	32.34	43.14	
	159.95	152.3	23801	9.0	1.334	34.44	45.95	44.44
	160	152.25	25041	9.0	1.334	33.17	44.24	
2号	159.3	148.8	21063	9.0	1.334	54.15	72.24	
	159.95	142.45	35065	9.0	1.334	55.28	73.74	74.93
	159.8	145.6	26352	9.0	1.334	59.07	78.80	
3号	160	155.25	22802	9.0	1.334	22.11	29.49	
	160.2	155.3	21995	9.0	1.334	23.63	31.52	30.75
	157.95	153.95	18327	9.0	1.334	23.41	31.23	
平均值								50.04

膨胀岩试样干湿循环 4 次后渗水试验的数据　　　　　　　表 4.6

试样编号	h_1 (cm)	h_2 (cm)	t (s)	T (℃)	$\dfrac{\eta_T}{\eta_{20}}$	k_T ($\times 10^{-11}$ m/s)	k_{20} ($\times 10^{-11}$ m/s)	$\bar{k}_{20}$ ($\times 10^{-11}$ m/s)
1 号	160.10	152.35	22016	9.0	1.334	37.70	50.29	
	160.00	151.90	21984	9.0	1.334	39.53	52.73	52.59
	159.95	152.50	19439	9.0	1.334	41.04	54.75	
2 号	159.45	150.35	17175	9.0	1.334	57.23	76.35	
	159.95	145.65	26406	9.0	1.334	59.33	79.15	77.34
	158.95	149.85	17194	9.0	1.334	57.36	76.51	
3 号	160.25	153.25	24592	9.0	1.334	30.38	40.53	
	160.20	153.45	24058	9.0	1.334	29.93	39.93	41.68
	158.75	150.70	26055	9.0	1.334	33.41	44.57	
平均值								55.81

　　按 Fredlund 和 Xing[138]（1994）提出的非饱和土渗水系数的预测方法,利用膨胀岩土-水特征曲线和饱和渗透系数的测定结果对其非饱和渗透系数进行了预测,预测结果见图 4.9,非饱和渗透系数用 $k(s)$ 表示,其为基质吸力的函数。由图 4.9 可知,渗透系数随着吸力增大而减小。当吸力超过进气值时,渗透系数随吸力增加急剧降低,干湿循环后的渗透系数随吸力增加而减小的幅度较大。随着吸力继续增加,干湿循环前后的渗透系数趋于一致。

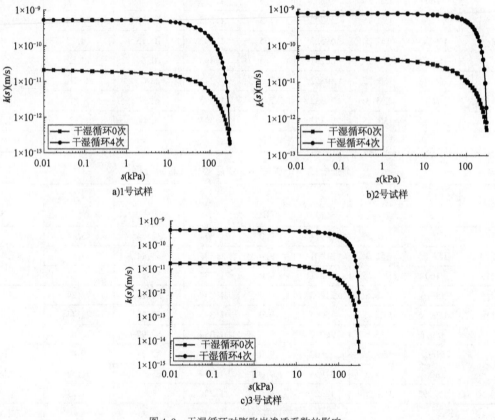

图 4.9　干湿循环对膨胀岩渗透系数的影响

4.2 粉质黏土土-水特征曲线的试验研究

4.2.1 试验概况

为了分析土体密实度对换填粉质黏土土-水特征曲线的影响,共测试了4种干密度(1.60g/cm³、1.70g/cm³、1.80g/cm³和1.90g/cm³)下的土-水特征曲线,试验结果见表4.7。

土-水特征曲线试验结果 表4.7

干密度(g/cm³)		1.60	1.70	1.80	1.90
环刀质量(g)		43.04	43.06	43.06	43.05
环刀加试样的质量(g)		151.57	158.42	165.23	171.96
每级吸力下环刀加试样的质量(g)	$s=5$kPa	163.50	167.92	172.31	175.87
	$s=25$kPa	162.89	167.31	172.13	175.77
	$s=50$kPa	160.79	166.52	171.64	175.56
	$s=75$kPa	159.47	166.06	171.30	175.39
	$s=100$kPa	157.90	164.88	170.78	175.07
	$s=125$kPa	156.69	163.41	169.99	174.65
	$s=150$kPa	155.55	162.26	169.21	174.15
	$s=200$kPa	153.96	160.75	167.78	173.26
	$s=300$kPa	151.52	158.76	165.64	171.68
	$s=400$kPa	150.31	157.10	163.98	170.63
	$s=800$kPa	148.00	155.57	162.35	168.49

4.2.2 试验结果分析

由于换填土试样在脱水过程中,几乎没有体积变化,故将其体变忽略不计,由此可算出每一含水率下的体积含水率。图4.10为不同干密度试样在半对数坐标下的土-水特征曲线。从图4.10可知,干密度越大,含水率随基质吸力的变化率就越小,曲线越平缓。这是因为,当土体的矿物组成和颗粒均匀程度一定时,试样持水性很大程度上取决于试样的密实度。当干密度较大时,土样内部孔隙较小并且有一定数量的微孔隙,连通性较差,水分不易被驱动排出;而干密度较小时,试样孔隙较大,孔隙水在较小的驱动力就能排出,进气值减小。不同干密度下试样的进气值分别为42.40kPa、72.53kPa、81.84kPa和98.67kPa(图4.11)。

图4.12是不同干密度下含水率与归一化吸力的关系。不同干密度下含水率与归一化吸力的关系近似呈线性,用式(4.3)对其进行拟合,拟合参数见表4.8。

$$w = a + b\lg[(s + p_{\text{atm}})/p_{\text{atm}}] \tag{4.3}$$

当$\lg[(s + p_{\text{atm}})/p_{\text{atm}}] = 0$,即吸力为0时,上式转化为$w = a$,故$a$代表试样的饱和重量含水率;$b$为负值,表示含水率随着吸力的增大而减小。

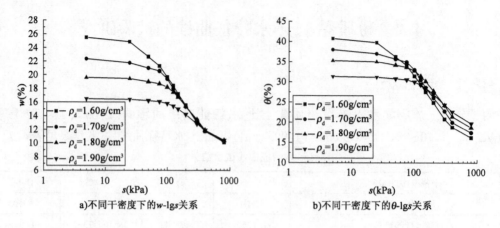

a)不同干密度下的w-lgs关系

b)不同干密度下的θ-lgs关系

图4.10 不同干密度下的土-水特征曲线

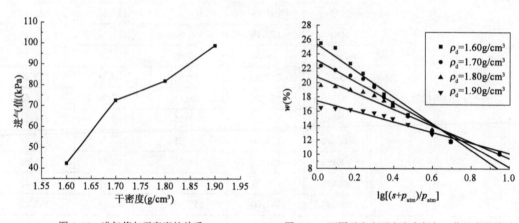

图4.11 进气值与干密度的关系

图4.12 不同干密度下含水率与归一化吸力的关系

不同干密度下土-水特征曲线的拟合参数   表4.8

干密度（g/cm³）	a	b	相 关 系 数
1.6	0.2538	−0.1849	0.9774
1.7	0.2313	−0.1491	0.9826
1.8	0.2081	−0.1137	0.9800
1.9	0.1744	−0.0730	0.9762

4.3 粉质黏土广义土-水特征曲线的试验研究

本节所称广义土-水特征曲线为"w-s-p-q"四变量形式的土-水特征曲线。其中，w、s、p、q分别为含水率、基质吸力、净平均应力和偏应力。以往在研究 w-s 和 w-p 关系时[40,117]，将 q 固定为 0（即不施加偏应力），未考虑不同偏应力对 w-s 和 w-p 关系的影响；而在研究 w-q 关系时，也只选取了某一个净平均应力，未考虑不同净平均应力作用下的 w-q 关系。

在实际工程中，非饱和土的应力状态和应力路径十分复杂，而不同偏应力和基质吸力下的三轴各向等量加压试验、不同偏应力和净平均应力下的三轴收缩试验和不同净平均应力和基质吸力下的固结排水剪切试验(以下简称等 p 剪切试验)至今未见报道。本节以南水北调中线工程安阳段渠坡换填土为对象,探讨了应力路径和应力状态对非饱和土广义土-水特征曲线的影响[142],以弥补上述研究的不足。

4.3.1 试验概况

试验仪器为非饱和土三轴仪(见下文),试样制备方法见第 2 章 2.1.1 节,体变管标定结果见图 4.13。试样的初始含水率为 16.72%,初始干密度为 $1.80g/cm^3$,初始孔隙比为 0.51,土粒相对密度为 2.72。

试验方案列于表 4.9。表中,符号 q_0、s_0 和 p_0 的下标"0"表示该值在试验过程中控制为常数。在各向等量加压试验中,将偏应力和基质吸力控制为常数,净平均应力分级施加;在收缩试验中,将偏应力和净平均应力控制为常数,基质吸力分级施加;在等 p 排水剪切试验中,将净平均应力和基质吸力控制为常数,偏应力分级施加。施加偏应力时,为了尽量消除剪切速率对试样的影响,加载速率为 0.0066mm/min。三种试验中,固结稳定标准均为 2h 内体变不大于 $0.0063cm^3$,排水量不大于 $0.012cm^3$。

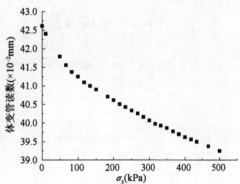

图 4.13 广义土-水特征曲线试验体变管标定结果

广义土-水特征曲线试验方案　　　　　　　表 4.9

试 验 名 称	q_0 (kPa)	s_0 (kPa)	试 验 名 称	q_0 (kPa)	p_0 (kPa)	试 验 名 称	p_0 (kPa)	s_0 (kPa)
控制偏应力和基质吸力都为常数的各向等量加压试验	0	50	控制偏应力和净平均应力都为常数的三轴收缩试验	0	50	控制净平均应力和基质吸力都为常数的等 p 剪切试验	100	50
		100			100			100
		200			200			200
	100	50		100	50		200	50
		100			100			100
		200			200			200
	200	50		200	—		300	50
		100			100			100
		200			200			200

4.3.2 试验结果分析

陈正汉等[47](1999)提出了如下的非饱和土水相体变增量型本构关系:

$$\mathrm{d}\varepsilon_w = \frac{\mathrm{d}p}{K_{wt}} + \frac{\mathrm{d}s}{H_{wt}} \tag{4.4}$$

式中:K_{wt},H_{wt}——分别为与净平均应力和吸力相关的水的切线体积模量,$H_{wt} = \ln10\dfrac{s + p_{atm}}{\lambda_w(p)}$。

同时对两边积分,得全量形式:

$$\varepsilon_w = \frac{p}{K_{wt}} + \frac{\lambda_w(p)}{\ln 10}\ln\left(\frac{s + p_{atm}}{p_{atm}}\right) \tag{4.5}$$

将式(4.5)代入式 $w = w_0 - \frac{1 + e_0}{d_s}\varepsilon_w$,得:

$$w = w_0 - \frac{1 + e_0}{d_s}\left[\frac{p}{K_{wt}} + \frac{\lambda_w(p)}{\ln 10}\ln\left(\frac{s + p_{atm}}{p_{atm}}\right)\right] \tag{4.6}$$

式(4.6)即"$w\text{-}p\text{-}s$"形式广义土-水特征曲线的理论公式,其一般形式为:

$$w = w_0 - ap - b\ln\left(\frac{s + p_{atm}}{p_{atm}}\right) \tag{4.7}$$

其中,$a = \frac{1 + e_0}{d_s K_{wt}}$;$b = \frac{1 + e_0}{d_s}\frac{\lambda_w(p)}{\ln 10}$;$p_{atm}$为大气压。

为了考虑偏应力对土-水特征曲线的影响,水量变化的增量形式可表示为[48]:

$$d\varepsilon_w = \frac{dp}{K_{wpt}} + \frac{ds}{H_{wt}} + \frac{dq}{K_{wqt}} \tag{4.8}$$

式中:K_{wpt},H_{wt},K_{wqt}——分别表示与净平均应力、吸力和偏应力相关的水的切线体积模量。

通过试验,将所得 K_{wpt}、H_{wt} 和 K_{wqt} 代入式(4.8),再对两边进行积分得:

$$\varepsilon_w = \frac{p}{K_{wpt}} + \frac{\lambda_w(p)}{\ln 10}\ln\left(\frac{s + p_{atm}}{p_{atm}}\right) + \frac{q}{K_{wqt}} \tag{4.9}$$

将式(4.9)代入 $w = w_0 - \frac{1 + e_0}{G_s}\varepsilon_w$,得:

$$w = w_0 - \frac{1 + e_0}{d_s}\left[\frac{p}{K_{wpt}} + \frac{\lambda_w(p)}{\ln 10}\ln\left(\frac{s + p_{atm}}{p_{atm}}\right) + \frac{q}{K_{wqt}}\right] \tag{4.10}$$

式(4.10)即为"$w\text{-}p\text{-}q\text{-}s$"形式的广义土-水特征曲线的理论公式,其一般形式为:

$$w = w_0 - ap - b\ln\left(\frac{s + p_{atm}}{p_{atm}}\right) - cq \tag{4.11}$$

其中,$a = \frac{1 + e_0}{d_s K_{wpt}}$;$b = \frac{(1 + e_0)\lambda_w(p)}{d_s \ln 10}$;$c = \frac{1 + e_0}{d_s K_{wqt}}$;$p_{atm}$为大气压。

式(4.8)中,K_{wpt}、H_{wt} 和 K_{wqt} 的确定方法如下。

4.3.2.1 参数确定

(1)K_{wpt}的确定

由于在三轴各向等量加压试验中,$w\text{-}p$ 和 $\varepsilon_w\text{-}p$ 关系近似呈线性,故将式 $w = w_0 - \frac{1 + e_0}{d_s}\varepsilon_w$ 的两边对 p 求导,即:

$$\frac{dw}{dp} = -\frac{1 + e_0}{d_s}\frac{d\varepsilon_w}{dp} \tag{4.12}$$

令 $\beta(s) = \frac{dw}{dp}$,$\lambda_w(s) = \frac{d\varepsilon_w}{dp}$,则:

$$K_{\mathrm{wpt}} = \frac{1}{\lambda_{\mathrm{w}}(s)} = -\frac{1+e_0}{d_{\mathrm{s}}\beta(s)} \tag{4.13}$$

（2）H_{wt} 的确定

由于在三轴压缩试验中，w-$\lg\dfrac{s+p_{\mathrm{atm}}}{p_{\mathrm{atm}}}$ 和 ε_{w}-$\lg\dfrac{s+p_{\mathrm{atm}}}{p_{\mathrm{atm}}}$ 关系近似呈线性，故将式 $w = w_0 - \dfrac{1+e_0}{d_{\mathrm{s}}}\varepsilon_{\mathrm{w}}$ 的两边对 $\lg\dfrac{s+p_{\mathrm{atm}}}{p_{\mathrm{atm}}}$ 求导，即：

$$\frac{\mathrm{d}w}{\mathrm{d}\lg\dfrac{s+p_{\mathrm{atm}}}{p_{\mathrm{atm}}}} = -\frac{1+e_0}{d_{\mathrm{s}}}\frac{\mathrm{d}\varepsilon_{\mathrm{w}}}{\mathrm{d}\lg\dfrac{s+p_{\mathrm{atm}}}{p_{\mathrm{atm}}}} \tag{4.14}$$

令 $\beta(p) = \dfrac{\mathrm{d}w}{\mathrm{d}\lg\dfrac{s+p_{\mathrm{atm}}}{p_{\mathrm{atm}}}}$，$\lambda_{\mathrm{w}}(p) = \dfrac{\mathrm{d}\varepsilon_{\mathrm{w}}}{\mathrm{d}\lg\dfrac{s+p_{\mathrm{atm}}}{p_{\mathrm{atm}}}}$，化简得

$$\lambda_{\mathrm{w}}(p) = -\frac{d_{\mathrm{s}}}{1+e_0}\beta(p) \tag{4.15}$$

$$H_{\mathrm{wt}} = \frac{\mathrm{d}s}{\mathrm{d}\varepsilon_{\mathrm{w}}} = \ln10\frac{s+p_{\mathrm{atm}}}{\lambda_{\mathrm{w}}(p)} \tag{4.16}$$

（3）K_{wqt} 的确定

由于在三轴等 p 试验中，w-q 和 ε_{w}-q 关系近似呈线性，故将式 $w = w_0 - \dfrac{1+e_0}{d_{\mathrm{s}}}\varepsilon_{\mathrm{w}}$ 的两边对 q 求导，即

$$\frac{\mathrm{d}w}{\mathrm{d}q} = -\frac{1+e_0}{d_{\mathrm{s}}}\frac{\mathrm{d}\varepsilon_{\mathrm{w}}}{\mathrm{d}q} \tag{4.17}$$

令 $\dfrac{\mathrm{d}w}{\mathrm{d}q} = \alpha(s)$，则：

$$K_{\mathrm{wqt}} = \frac{\mathrm{d}q}{\mathrm{d}\varepsilon_{\mathrm{w}}} = -\frac{1+e_0}{d_{\mathrm{s}}\alpha(s)} \tag{4.18}$$

考虑试验历时较长及排水量测系统的误差，应对排水量测值进行校正。方法是在试验结束时，称量试样的质量，根据试样初始质量和最终质量之差，按历时校正试验过程中的排水量。试验的量测值和校正值列于表 4.10。从表 4.10 可见，排水量的量测值与校正值的差别不大，尽管如此，在以下的分析中排水量均采用校正值。

试样排水量的量测值与校正值的比较　　　　　　　　　　　　表 4.10

试验条件描述		量测值（cm³）	校正值（cm³）	相对误差（%）
控制偏应力和基质吸力都为常数的各向等量加压试验	$q_0 = 0\mathrm{kPa}$	$s_0 = 50\mathrm{kPa}$　3.46	3.26	6.13
		$s_0 = 100\mathrm{kPa}$　3.99	3.88	2.84
		$s_0 = 200\mathrm{kPa}$　5.67	5.22	8.62
	$q_0 = 100\mathrm{kPa}$	$s_0 = 50\mathrm{kPa}$　3.02	2.75	9.82
		$s_0 = 100\mathrm{kPa}$　3.88	3.57	8.68
		$s_0 = 200\mathrm{kPa}$　5.01	4.69	6.82

试验条件描述		量测值（cm³）		校正值（cm³）	相对误差（%）
控制偏应力和基质吸力都为常数的各向等量加压试验	$q_0 = 200\text{kPa}$	$s_0 = 50\text{kPa}$	2.34	2.17	7.83
		$s_0 = 100\text{kPa}$	3.49	3.46	0.87
		$s_0 = 200\text{kPa}$	4.39	4.3	2.09
控制偏应力和净平均应力都为常数的三轴收缩试验	$q_0 = 0\text{kPa}$	$p_0 = 50\text{kPa}$	4.44	4.33	2.54
		$p_0 = 100\text{kPa}$	4.89	4.47	9.40
		$p_0 = 200\text{kPa}$	6.02	5.69	5.80
	$q_0 = 100\text{kPa}$	$p_0 = 50\text{kPa}$	4.09	3.79	7.92
		$p_0 = 100\text{kPa}$	3.90	3.75	4.00
		$p_0 = 200\text{kPa}$	4.96	4.78	3.77
	$q_0 = 200\text{kPa}$	$p_0 = 100\text{kPa}$	3.32	3.11	6.75
		$p_0 = 200\text{kPa}$	3.98	3.67	8.45
控制净平均应力和基质吸力都为常数的等 p 剪切试验	$p_0 = 100\text{kPa}$	$s_0 = 50\text{kPa}$	1.50	1.38	8.70
		$s_0 = 100\text{kPa}$	2.58	2.43	6.17
		$s_0 = 200\text{kPa}$	3.36	3.15	6.67
	$p_0 = 200\text{kPa}$	$s_0 = 50\text{kPa}$	2.31	2.15	7.44
		$s_0 = 100\text{kPa}$	3.25	3.04	6.91
		$s_0 = 200\text{kPa}$	3.78	3.64	3.85
	$p_0 = 300\text{kPa}$	$s_0 = 50\text{kPa}$	3.54	3.46	2.31
		$s_0 = 100\text{kPa}$	3.99	3.81	4.72
		$s_0 = 200\text{kPa}$	4.75	4.58	3.71

4.3.2.2 三轴各向加压试验的水量变化分析

图 4.14 和图 4.15 是不同偏应力和吸力作用下三轴各向等量加压试验的 w-p 关系曲线。从图 4.14 中可以看出，净平均应力相同时，吸力较高的试样含水率较低，不同吸力下的 w-p 关系近似呈线性，可以用直线拟合，直线的斜率用 $\beta(s)$ 表示。

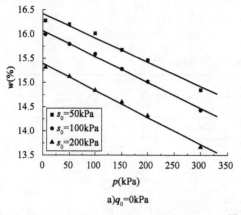

a)q_0=0kPa

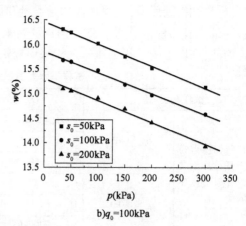

b)q_0=100kPa

图 4.14

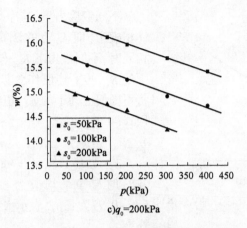

c)q_0=200kPa

图4.14 s_0 对 w-p 关系的影响

由图4.15可知,同一吸力下,试样的偏应力越大,w-p 曲线越平缓,即含水率随净平均应力的变化越小。这是因为,在施加偏应力后,试样一样会出现剪缩,密实度变大,持水性增强。

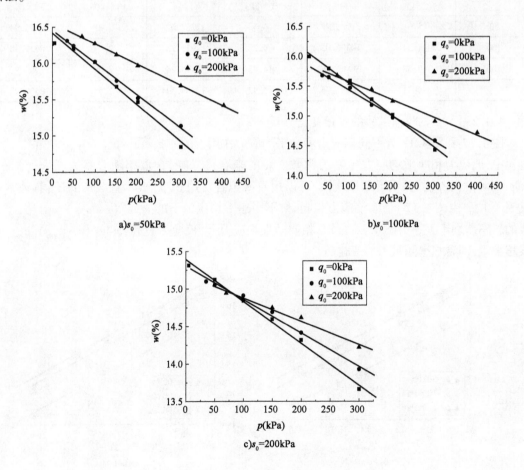

a)s_0=50kPa

b)s_0=100kPa

c)s_0=200kPa

图4.15 q_0 对 w-p 关系的影响

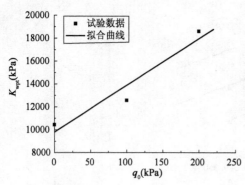

图 4.16 偏应力对与净平均应力相关水的切线体积模量的影响

不同偏应力下,与净平均应力相关的水的切线体积模量(即 K_{wpt})的计算值列于表 4.11。偏应力相同时,不同吸力下 K_{wpt} 值近似相等,故将不同吸力下的 K_{wpt} 的平均值作为该偏应力下试样的 K_{wpt} 值。将不同偏应力下的 K_{wpt} 值绘于图 4.16 中,其关系可用式(4.19)拟合。

$$K_{wpt} = a_1 + b_1 q_0 \qquad (4.19)$$

式(4.19)中,$a_1 = 9800.70$ kPa,表示偏应力为0 kPa时与净平均应力相关水的切线体积模量;$b_1 = 40.77$ 为正值,表示 K_{wpt} 值随着偏应力的增大而提高。

控制不同偏应力的三轴各向等量加压试验结果 表 4.11

s_0 (kPa)	$q_0 = 0$ kPa		$q_0 = 100$ kPa		$q_0 = 200$ kPa	
	$\beta(s)$ $(\times 10^{-5} \text{kPa}^{-1})$	K_{wpt} (kPa)	$\beta(s)$ $(\times 10^{-5} \text{kPa}^{-1})$	K_{wpt} (kPa)	$\beta(s)$ $(\times 10^{-5} \text{kPa}^{-1})$	K_{wpt} (kPa)
50	-5.01	11080.78	-4.52	12282.02	-2.88	19275.94
100	-5.34	10396.01	-4.28	12970.73	-2.98	18629.10
200	-5.58	9948.87	-4.45	12475.24	-3.09	17965.92
平均值	-5.31	10454.75	-4.42	12569.37	-2.98	18608.28

4.3.2.3 三轴收缩试验的水量变化分析

图 4.17 和图 4.18 为不同偏应力和净平均应力作用下的 $w\text{-}\lg[(s+p_{atm})/p_{atm}]$ 关系。试验过程中,偏应力和净平均应力控制为常数。总的来看,试样的含水率随着吸力增大而减小,$w\text{-}\lg[(s+p_{atm})/p_{atm}]$ 关系近似呈线性,可以用直线拟合。用 $\beta(p)$ 表示直线的斜率,具体数值见表 4.12。由图 4.17 可知,偏应力相同时,不同净平均应力下的 $w\text{-}\lg[(s+p_{atm})/p_{atm}]$ 关系曲线的斜率差别不大。由图 4.18 可知,相同净平均应力下,偏应力越高,$w\text{-}\lg[(s+p_{atm})/p_{atm}]$ 曲线越平缓,即含水率随吸力的变化越小。

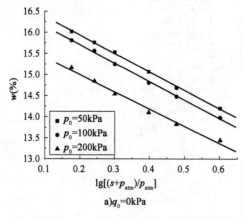

a)$q_0 = 0$ kPa

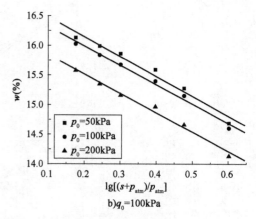

b)$q_0 = 100$ kPa

图 4.17

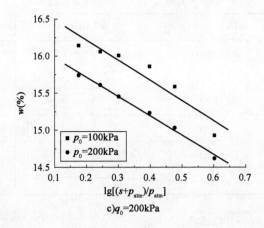

c)$q_0=200$kPa

图 4.17　净平均应力对 w-$\lg[(s+p_{\mathrm{atm}})/p_{\mathrm{atm}}]$ 关系的影响

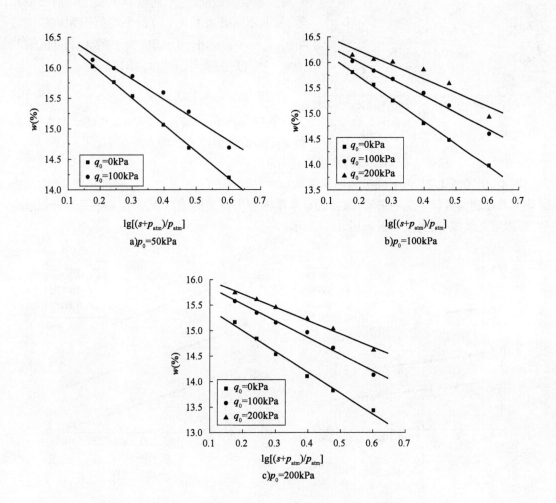

图 4.18　偏应力对 w-$\lg[(s+p_{\mathrm{atm}})/p_{\mathrm{atm}}]$ 关系的影响

控制不同偏应力的三轴收缩试验结果 表 4.12

p_0(kPa)	$q_0 = 0$kPa		$q_0 = 100$kPa		$q_0 = 200$kPa	
	$\beta(p)$ ($\times 10^{-2}$)	$\lambda_w(p)$ ($\times 10^{-2}$)	$\beta(p)$ ($\times 10^{-2}$)	$\lambda_w(p)$ ($\times 10^{-2}$)	$\beta(p)$ ($\times 10^{-2}$)	$\lambda_w(p)$ ($\times 10^{-2}$)
50	−4.37	7.87	−3.35	6.04	—	—
100	−4.38	7.89	−3.27	5.89	−2.72	4.89
200	−4.09	7.37	−3.27	5.88	−2.60	4.69
平均值	−4.28	7.71	−3.30	5.94	−2.66	4.79

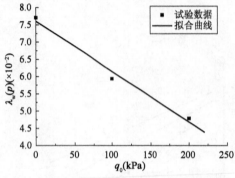

图 4.19 偏应力对参数 $\lambda_w(p)$ 的影响

与吸力相关的水的切线体积模量 $H_{wt} = \mathrm{d}s/\mathrm{d}\varepsilon_w = \ln 10(s + p_{atm})/\lambda_w(p)$，式中 $\lambda_w(p)$ 的计算值列于表 4.12。偏应力相同时，不同吸力下 $\lambda_w(p)$ 值近似相等，故取不同吸力下 $\lambda_w(p)$ 的平均值作为该偏应力下的 $\lambda_w(p)$ 值。将不同偏应力下的 $\lambda_w(p)$ 值绘于图 4.19 中，其关系可用式（4.20）拟合。

$$\lambda_w(p) = a_2 + b_2 q_0 \qquad (4.20)$$

其中，$a_2 = 0.076$kPa；$b_2 = -0.00015$ 为负值，表示 $\lambda_w(p)$ 值随偏应力的增大而减小。

4.3.2.4 三轴等 p 剪切试验的水量变化分析

图 4.20 和图 4.21 为不同吸力和净平均应力作用下的 w-q 关系。试验过程中，吸力和净平均应力控制为常数。总的来看，试样的含水率随着偏应力的增大而减小，w-q 关系近似呈线性，可以用直线拟合，直线的斜率用 $\alpha(s)$ 表示。

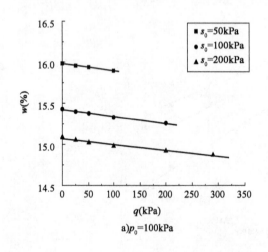

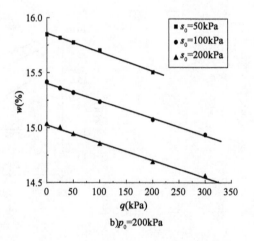

a)$p_0 = 100$kPa

b)$p_0 = 200$kPa

图 4.20

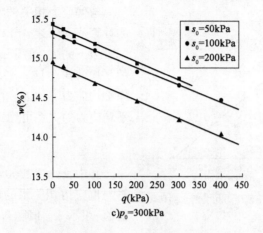

c)p_0=300kPa

图 4.20　吸力对 w-q 关系的影响

由图 4.20 可知,当净平均应力相同时,不同吸力下的 w-q 关系斜率差别不大。由图 4.21 可知,相同吸力下,净平均应力越高,w-q 曲线越陡,即含水率随偏应力的变化越大。

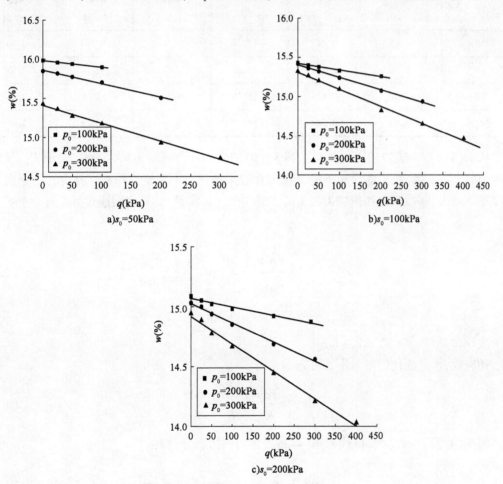

a)s_0=50kPa

b)s_0=100kPa

c)s_0=200kPa

图 4.21　净平均应力对 w-q 关系的影响

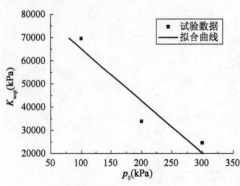

图 4.22　净平均应力对于偏应力相关的水的切线体积模量的影响

与偏应力相关的水的切线体积模量（即 K_{wqt}）的计算值列于表 4.13 中。净平均应力相同时，不同吸力下的 K_{wqt} 值近似相等，故取不同吸力下 K_{wqt} 的平均值作为该净平均应力下的 K_{wqt} 值。将不同净平均应力下的 K_{wqt} 值绘于图 4.22 中，K_{wqt} 值与净平均应力的关系可用式（4.21）拟合。

$$K_{wqt} = a_3 + b_3 p_0 \qquad (4.21)$$

其中，$a_3 = 87700\text{kPa}$，表示当净平均应力为 0 时与偏应力相关水的切线体积模量；$b_3 = -225$ 为负值，表示 K_{wqt} 值随着净平均应力的增大而减小。

控制不同净平均应力的三轴等 p 固结排水剪切试验的结果　　　　表 4.13

s_0（kPa）	$p_0 = 100\text{kPa}$		$p_0 = 200\text{kPa}$		$p_0 = 300\text{kPa}$	
	$\alpha(s)$ （$\times 10^{-6}\text{kPa}^{-1}$）	K_{wqt} （$\times 10^4 \text{kPa}$）	$\alpha(s)$ （$\times 10^{-6}\text{kPa}^{-1}$）	K_{wqt} （$\times 10^4 \text{kPa}$）	$\alpha(s)$ （$\times 10^{-6}\text{kPa}^{-1}$）	K_{wqt} （$\times 10^4 \text{kPa}$）
50	-8.62	6.44	-17.30	3.21	-23.1	2.40
100	-8.40	6.61	-15.90	3.49	-21.8	2.55
200	-7.10	7.82	-16.10	3.45	-22.9	2.43
平均值	-8.04	6.96	-16.40	3.39	-22.6	2.46

从式（4.19）~式（4.21）可见，K_{wpt} 和 $\lambda_w(p)$ 的大小均与偏应力的大小有关，而 K_{wqt} 与净平均应力的大小有关，故不能简单地将其作为常数来处理。本章建议用 $\overline{K}_{wpt}$、$\overline{H}_{wt}$ 和 $\overline{K}_{wqt}$ 分别表示与净平均应力、基质吸力和偏应力相关的水的切线体积模量，其具体表达式可重写如下：

$$\overline{K}_{wpt} = a_1 + b_1 q_0 \qquad (4.22)$$

$$\overline{H}_{wt} = \ln 10 \frac{s + p_{atm}}{\overline{\lambda}_w(p)} = \ln 10 \frac{s + p_{atm}}{a_2 + b_2 q_0} \qquad (4.23)$$

$$\overline{K}_{wqt} = a_3 + b_3 p_0 \qquad (4.24)$$

式（4.23）中，$\overline{\lambda}_w(p) = a_2 + b_2 q_0$。

相应地，水量变化的增量形式可表示为：

$$d\varepsilon_w = \frac{dp}{\overline{K}_{wpt}} + \frac{ds}{\overline{H}_{wt}} + \frac{dq}{\overline{K}_{wqt}} \qquad (4.25)$$

将式（4.22）~式（4.24）代入式（4.25），再对两边积分，得：

$$\varepsilon_w = \frac{p}{\overline{K}_{wpt}} + \frac{\overline{\lambda}_w(p)}{\ln 10}\ln\left(\frac{s + p_{atm}}{p_{atm}}\right) + \frac{q}{\overline{K}_{wqt}} \qquad (4.26)$$

把式(4.26)代入 $w = w_0 - (1 + e_0)\varepsilon_w/d_s$,得:

$$w = w_0 - \bar{a}p - \bar{b}\ln\left(\frac{s + p_{atm}}{p_{atm}}\right) - \bar{c}q \qquad (4.27)$$

式(4.27)即改进后的广义土-水特征曲线的表达式,式中,$\bar{a} = \dfrac{1 + e_0}{d_s(a_1 + b_1q_0)}$,$\bar{b} =$

$\dfrac{(1 + e_0)(a_2 + b_2q_0)}{d_s\ln 10}$,$\bar{c} = \dfrac{1 + e_0}{d_s(a_3 + b_3p_0)}$,$p_{atm}$ 为大气压。a_1、a_2、a_3、b_1、b_2 和 b_3 都是土性参数,其值已在前文确定,现汇总于表4.14。

广义土-水特征曲线的拟合参数　　　　　　　　　　　表4.14

$a_1(kPa)$	a_2	$a_3(kPa)$	b_1	$b_2(kPa^{-1})$	b_3
9800.70	0.076	87700	40.77	-0.00015	-225

由于初始孔隙比 e_0 和土粒相对密度 d_s 已知,故当偏应力和净平均应力已知时,就可计算出 $\bar{a}$、$\bar{b}$、$\bar{c}$ 的数值,再代入式(4.27),就可以计算出不同应力路径下的广义土-水特征曲线。按式(4.27)的计算结果与试验数据进行对比,见图4.23~图4.25。由图可知,用式(4.27)计算的结果与试验数据较为一致。

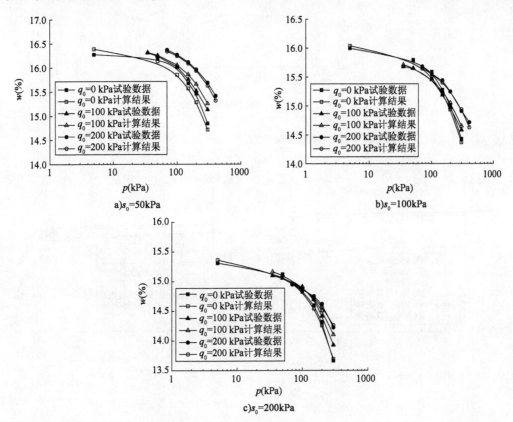

图4.23　不同基质吸力和偏应力下三轴各向等量加压试验的 w-$\lg p$ 关系

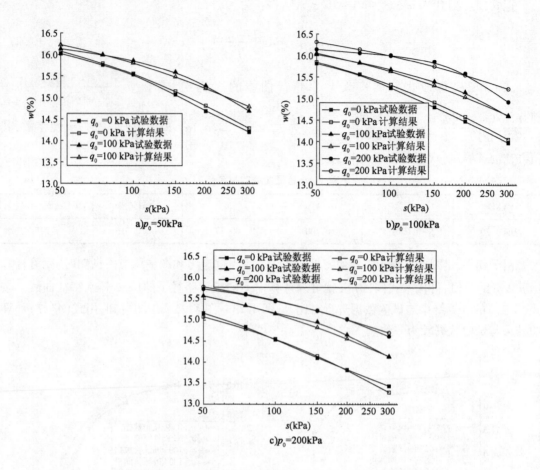

图 4.24　不同净平均应力和偏应力下三轴收缩试验的 w-$\lg s$ 关系

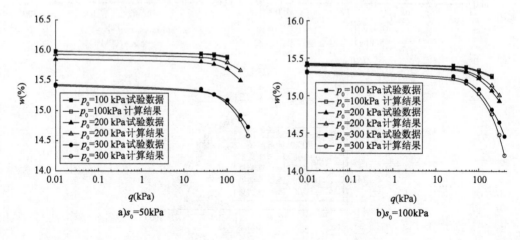

图　4.25

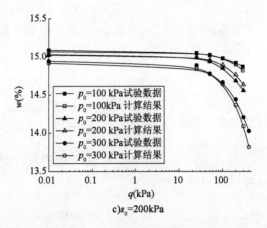

c)$s_0=200$kPa

图 4.25　不同基质吸力和净平均应力下三轴等 p 剪切试验的 w-lg$q$ 关系

4.4　粉质黏土的渗水特性

4.4.1　粉质黏土的饱和渗水试验

试验装置如何前文所述,严格按国家标准进行相应试验。试验数据列于表4.15。饱和渗透系数与干密度的关系见图4.26。总的来看,渠坡换填土的饱和渗透系数随着干密度的增大而减小,当密度超过 1.80g/cm^3 后,饱和渗透系数随干密度增加而增大的幅度较小。

饱和换填土渗透试验的数据　　　　　　　　　　　　表4.15

ρ_d (g/cm^3)	h_1 (cm)	h_2 (cm)	t (s)	T (℃)	$\frac{\eta_T}{\eta_{20}}$	k_T ($\times 10^{-11}$m/s)	k_{20} ($\times 10^{-11}$m/s)	$\bar{k}_{20}$ ($\times 10^{-11}$m/s)
	159.60	117.20	504	12	1.227	1.02	1.26	
1.65	159.00	101.00	745	12	1.227	1.02	1.25	1.25
	159.00	113.00	566	12	1.227	1.01	1.24	
	154.15	119.15	756	12	1.227	0.57	0.70	
1.70	153.50	109.00	1038	12	1.227	0.55	0.68	0.68
	157.20	110.50	1080	12	1.227	0.55	0.67	
	160.00	118.50	1723	12.5	1.211	0.29	0.35	
1.75	156.90	109.50	2096	12.5	1.211	0.29	0.35	0.35
	158.40	107.60	2234	12.5	1.211	0.29	0.35	
	159.80	104.40	10146	12.5	1.211	7.02×10^{-2}	8.50×10^{-2}	
1.80	157.95	103.25	10155	12.5	1.211	7.00×10^{-2}	8.48×10^{-2}	8.60×10^{-2}
	156.50	108.20	8479	12.5	1.211	7.28×10^{-2}	8.82×10^{-2}	
	160.70	142.15	33360	12.5	1.211	6.15×10^{-3}	7.45×10^{-3}	
1.90	159.40	148.65	16980	12.5	1.211	6.88×10^{-3}	8.33×10^{-3}	8.09×10^{-3}
	159.05	143.15	25125	12.5	1.211	7.01×10^{-3}	8.49×10^{-3}	

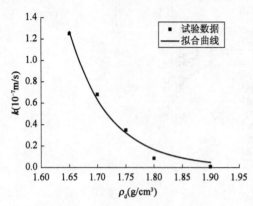

图 4.26　饱和渗透系数随干密度的变化曲线

不同干密度下的饱和渗透系数随干密度的增大而减小,二者之间的关系可用式(4.28)拟合。

$$\frac{k}{k_0} = a \left(\frac{\rho_\mathrm{d}}{\rho_\mathrm{w}}\right)^b \tag{4.28}$$

其中,$k_0 = 10^{-7}\mathrm{m/s}$;$\rho_\mathrm{w} = 1\mathrm{g/cm^3}$;$a$ 和 b 为无因次量;$a = 147553.23$;$b = -23.29$。

4.4.2　非饱和土渗水系数的预测方法

非饱和土渗水系数 k 可以与体积含水率 θ 相联系。Childs 和 Collis-George(1950)[143] 利用充水孔隙空间的形状建议了一种渗透系数函数 k(θ),并假设土具有不同尺寸的孔隙分布以及土骨架是不可压缩的。由于体积含水率 θ 与基质吸力($u_\mathrm{a} - u_\mathrm{w}$)相联系,并且可以表达成基质吸力的函数,所以 $k(\theta)$ 也可以表达成($u_\mathrm{a} - u_\mathrm{w}$)的函数(Millington 和 Quirk[144])。渗透系数可以这样得到,先将土-水特征曲线沿体积含水率轴划分成 m 个等分,如图 4.27 所示,相应于每一个等分中点的基质吸力可用于计算渗透系数。

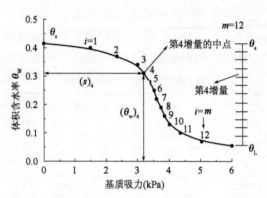

图 4.27　根据土-水特征曲线预测非饱和渗水系数

渗透性函数的方程为:

$$k(\theta_i) = \frac{k_\mathrm{s}}{k_\mathrm{sc}} A_\mathrm{d} \sum_{j=i}^{m} \left[(2j + 1 - 2i)(u_\mathrm{a} - u_\mathrm{w})_j^{-2}\right] \qquad (i = 1, 2, \cdots, m) \tag{4.29}$$

式中:$k(\theta_i)$——相应于第 i 间段的特定体积含水率 θ_i 的计算透水性系数;

　　　　i——间段编号;

　　　　j——从 i 到 m 的计数;

　　　　k_s——实测的饱和渗透系数;

　　　　k_sc——计算饱和渗透系数;

　　　　A_d——调整常数;

　　　　u_w——水的绝对黏度;

$(u_a - u_w)_j$——相应于 j 间段的基质吸力。

其中，$\sum\limits_{j=i}^{m}\left[(2j+1-2i)(u_a-u_w)_j^{-2}\right]$ 是对渗透性函数形状的描述。$A_d = \dfrac{T_s^2 \rho_w g}{2u_w}\dfrac{\theta_s^p}{N^2}$，是使用渗透性函数的尺度，由于非饱和渗透系数是根据饱和渗透系数 k_s 用 (k_s/k_{sc}) 来修正的，故 A_d 的计算值不影响非饱和渗透系数的最终值，为了简化，假设 $A_d = 1$。

k_{sc} 由式(4.30)计算：

$$k_{sc} = A_d \sum_{j=i}^{m}\left[(2j+1-2i)(u_a-u_w)_j^{-2}\right] \qquad (i = 1,2,\cdots,m) \tag{4.30}$$

将相应于干燥曲线上的各间段中点的基质吸力值代入式(4.30)，即可求得 k_{sc}，而 k_s 可由室内渗水试验测得，进而可求得 k_s/k_{sc}，并用于之后所有点的渗水系数的计算。

如果定义相对渗透系数 $k_r(\theta_i) = k(\theta_i)/k_s$，则：

$$k_r(\theta_i) = \sum_{j=i}^{m}\left[\frac{2(j-i)+1}{\psi_j^2} \middle/ \sum_{j=i}^{m}\frac{2j-1}{\psi_j^2}\right] \tag{4.31}$$

式中，$\psi_j = (u_a - u_w)_j$ 为第 j 点处的基质吸力。

假设土颗粒是不可压缩的，即土体饱和度为其体积含水率与饱和体积含水率之比，故式(4.29)和式(4.31)可以写成积分的形式[138]：

$$k(\theta) = \frac{k_s}{k_{sc}}A_d \int_{\theta_L}^{\theta}\frac{\theta-x}{\psi^2(x)}dx \tag{4.32}$$

$$k_r(\theta) = \frac{\displaystyle\int_{\theta_L}^{\theta}\frac{\theta-x}{\psi^2(x)}dx}{\displaystyle\int_{\theta_L}^{\theta_s}\frac{\theta_s-x}{\psi^2(x)}dx} \tag{4.33}$$

式中：θ_L——试验土-水特征曲线上的最小体积含水率；

x——体积含水率的积分虚拟变量。

实际上，当体积含水率 θ 等于残余体积含水率 θ_r 时，$k_r(\theta)$ 为0，故：

$$k_r(\theta) = \frac{\displaystyle\int_{\theta_r}^{\theta}\frac{\theta-x}{\psi^2(x)}dx}{\displaystyle\int_{\theta_r}^{\theta_s}\frac{\theta_s-x}{\psi^2(x)}dx} \tag{4.34}$$

通过对各类土进行试验和热动力学研究，发现零含水率对应的总吸力为 $1.0 \times 10^6\,\text{kPa}$。Fredlund 和 Xing[138] 提出了一个描述土-水特征曲线在整个吸力范围内(即 $0 \sim 1.0 \times 10^6\,\text{kPa}$)的总方程：

$$\theta = C(\psi) \frac{\theta_s}{\{\ln[e + (\psi/a)^n]\}^m} \tag{4.35}$$

式中:e——自然数,2.71828;

　　a——大致等于进气值;

　　n——控制土-水特征曲线拐点处的斜率的参数;

　　m——与残余体积含水率相关的参数;

$C(\psi)$——一个修正函数。

$$C(\psi) = 1 - \frac{\ln\left(1 + \dfrac{\psi}{C_r}\right)}{\ln\left(1 + \dfrac{1000000}{C_r}\right)} \tag{4.36}$$

式中:C_r——与残余含水率对应的与基质吸力相关的常数。

最后,式(4.34)可写成如下形式:

$$k_r(\psi) = \frac{\displaystyle\int_{\psi}^{\psi_r} \frac{\theta(y) - \theta(\psi)}{y^2}\theta'(y)\,\mathrm{d}y}{\displaystyle\int_{\psi_{aev}}^{\psi_t} \frac{\theta(y) - \theta_s}{y^2}\theta'(y)\,\mathrm{d}y} \tag{4.37}$$

将土-水特征曲线在半对数坐标下表示,式(4.37)可写成:

$$k_r(\psi) = \frac{\displaystyle\int_{\ln(\psi)}^{b} \frac{\theta(e^y) - \theta(\psi)}{e^y}\theta'(e^y)\,\mathrm{d}y}{\displaystyle\int_{\ln(\psi_{aev})}^{b} \frac{\theta(e^y) - \theta_s}{e^y}\theta'(e^y)\,\mathrm{d}y} \tag{4.38}$$

其中,$b = \ln(1000000)$;y 为吸力对数的积分虚拟变量。

4.4.3　非饱和换填土渗水系数的预测结果

按 Fredlund 和 Xing 提出的非饱和土渗水系数的预测方法,利用换填土的土-水特征曲线和饱和渗透系数对其非饱和渗透系数的预测结果如下。

图 4.28 和图 4.29 分别为换填土在不同干密度下渗透系数和相对渗透系数随基质吸力的变化曲线。$k(s)$ 和 $k_r(s)$ 分别是渗透系数和相对渗透系数,均是基质吸力 s 的函数。总的来看,渗透系数和相对渗透系数均随吸力的增加而减少。当吸力低于 30kPa 时,渗透系数受基质吸力的影响不明显,因为此时吸力未超过试样的进气值,试样基本处于饱和状态。当吸力超过进气值以后,渗透系数随吸力的增加而急剧降低。当吸力小于 10kPa 时,不同干密度试样的相对渗透系数差别不大(图 4.29)。当吸力超过 10kPa 时,干密度较小的试样相对渗透系数较低,且随吸力减小快。这是因为干密度较小时,试样内部的孔隙率较大,在基质吸力相同时,孔隙率大的试样,其内部的水分更容易被气体所取代。当吸力为 300kPa 时,干密度为 1.70g/cm³、1.80g/cm³、1.90g/cm³ 的试样相对渗透系数分别为 5.70×10^{-3}、1.68×10^{-2}、2.54×10^{-2},最大相差约 5 倍。

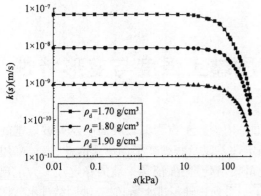

图4.28 换填土的渗透系数随吸力的变化

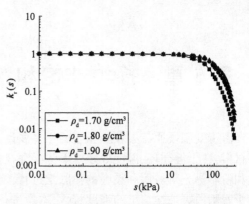

图4.29 换填土的相对渗透系数随吸力的变化

4.5 本 章 小 结

通过对膨胀岩的细观结构特征、干湿循环对膨胀岩土-水特征曲线和渗水系数的影响进行试验研究,得到了以下结论:

(1)膨胀岩不同截面的 CT 数 ME 及方差 SD 都相差很大,内部裂隙发育,结构松散,部分未崩解碎化的颗粒密度较高。

(2)干湿循环前后进气值差别不大,干湿循环后膨胀岩内部颗粒尺寸越来越单一,持水性变差,渗透性增强。当吸力超过进气值时,膨胀岩的含水率随吸力增加急剧降低;干湿循环后,膨胀岩土-水特征曲线的位置下移,含水率随吸力增加而减少的幅度变大。

(3)首次干湿循环对膨胀岩饱和渗透系数的影响较小;随着干湿循环次数的增加,饱和渗透系数急剧增大,并逐渐趋于稳定值;膨胀岩在非饱和状态时的渗透系数随吸力的增加而减小;干湿循环后,渗透系数随吸力增加而减小的幅度较大,当吸力较高时,干湿循环前后的渗透系数趋于一致。

(4)干密度越大,换填土的进气值越高;不同干密度下,换填土的含水率与归一化吸力的关系均可用直线拟合。换填土的饱和渗透系数随干密度的增大而减小,建立了换填土饱和渗透系数与干密度的关系式。

(5)净平均应力、基质吸力和偏应力对水量变化均有较大影响。当净平均应力和基质吸力相同时,在三轴各向等量加压试验和收缩试验条件下,偏应力越大,含水率越大;而在三轴等 p 剪切试验条件下,偏应力越大,含水率越小。

(6)K_{wpt} 和 $\lambda_w(p)$ 的大小均与偏应力的大小有关,而 K_{wqt} 与净平均应力大小有关,不能简单地将其作为常数来处理。据此,本章提出了改进的广义土-水特征曲线表达式,能综合反映应力状态和应力路径对水量变化的影响,用该式计算的结果与试验数据较为一致。

(7)换填土的渗透系数和相对渗透系数均随吸力的增加而降低,当吸力较低时,不同干密度下相对渗透系数差别不大;当吸力超过进气值以后,对于干密度较小的试样,其渗透系数和相对渗透系数随吸力增加而减小较快。

第5章 换填非饱和粉质黏土强度与变形特性

由于安阳段原有渠坡膨胀土的不良属性,如采用膨胀土作为渠坡坡面以及渠坡地基的主要材料,在干湿循环、温度等条件下势必存在稳定性差以及胀缩变形问题。因此,渠坡采用非饱和粉质黏土对坡面和渠底的膨胀土进行大批量换填处理,保证了渠坡的稳定性。为了定量分析安阳段渠坡换填土的强度特性,本章进行了一系列三轴不排水剪切、三轴固结排水剪切和三轴等 p 固结排水剪切试验研究,系统探讨了换填非饱和粉质黏土的强度随剪切速率、含水率、基质吸力和围压的变化规律,为进一步揭示换填非饱和粉质黏土强度与变形影响机制提供试验参考,也为进一步开展膨胀土地区引水渠坡地基及边坡稳定性提供重要参数借鉴。

5.1 三轴不排水抗剪强度试验研究

本章采用第 2 章符号描述三轴应力应变状态,各符号的物理意义见第 2 章 2.2 节。

5.1.1 试验概况

(1)试验仪器与试样制备

试验仪器采用非饱和土三轴仪、数字应变仪(图 5.1)和微型孔隙水压传感器(图 5.2)。微型孔隙水压传感器安装在底座排水阀门处,孔隙气压传感器安装在试样帽中,二者分别与两台数字应变仪连接。体变测量装置的核心部件是一根装在有机玻璃罩中的玻璃注射器。注射器的活塞杆上下移动 0.01mm 对应的体积变化是 0.0063cm³。在标定传感器和体变管之前,先将压力室充满蒸馏水,然后持续加 300kPa 围压,直到排水孔出现连续水流(无夹杂气泡)为止。传感器和体变管经过多次标定,重复性良好。体变管、传感器的标定结果分别见图 5.3、图 5.4,图中的 σ_3 表示围压。对于水压,1kPa 对应的输出数值为 $16\mu\varepsilon$;对于气压,1kPa 对应的输出数值为 $13\mu\varepsilon$。

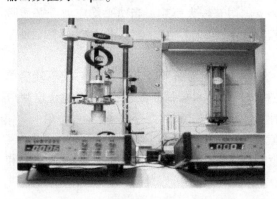

图 5.1 非饱和土三轴仪和数字应变仪

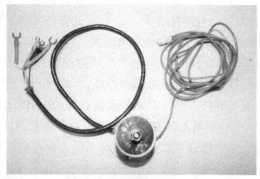

图 5.2 微型孔隙水压传感器

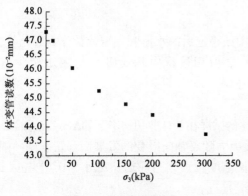

图 5.3　体变管标定结果

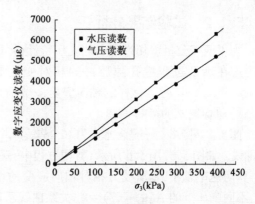

图 5.4　传感器标定结果

试验用土取自南水北调中线工程安阳段南田村渠坡换填土,重塑制样。土样的最优含水率为 11.29%,液限为 28.48%,塑限为 14.97%,塑性指数为 13.51,为低液限黏土[145]。制样前先将土样风干,过 2mm 筛,然后将其配置到一定的含水率。制备试样时,采用静力压实模具,分 5 层压实,模具内径为 39.1mm。压实脱模后用刮土刀将试样上端削平,制好的试样高度为 80mm。参考该渠坡换填土的设计参数,试样的初始干密度为 1.80g/cm³ (压实度为 100%),初始孔隙比为 0.51,土粒相对密度为 2.72。对于饱和试样($w = 19.02\%$),饱和方法为真空饱和法[146],饱和时间为 24h。

(2)试验方案与步骤

为了分析含水率、围压和剪切速率对总强度指标的影响,进行了 6 种含水率、3 种围压、4 种剪切速率共 27 个不固结不排水三轴剪切试验,试验方案列于表 5.1。

三轴不固结不排水剪切试验方案　　　　　　　　　表 5.1

含水率 (%)	围压 (kPa)	剪切速率 (mm/min)	含水率 (%)	围压 (kPa)	剪切速率 (mm/min)	含水率 (%)	围压 (kPa)	剪切速率 (mm/min)	含水率 (%)	围压 (kPa)	剪切速率 (mm/min)
8.84	75	0.055	10.46	75	0.055	13.50	75	0.055	19.02	75	0.055
	125			125			125			125	
	175			175			175			175	
16.15	75	0.033	16.15	125	0.033	16.15	175	0.033	17.17	175	—
		0.055			0.055			0.055			0.055
		0.073			0.073			0.073			0.073
		0.166			0.166			0.166			0.166

试验步骤如下:①选择剪切速率;②孔隙气压读数调零;③安装试样,用湿毛巾挤出试样和橡皮膜之间的多余气体;④孔隙水压读数调零,关闭排水阀,记录应变仪(水压)读数、体变管初始读数和时间;⑤加 10kPa 围压,待应变仪(水压和气压)和体变管读数基本稳定时,记录其读数和时间;⑥施加围压到预定值,待应变仪(水压和气压)和体变管读数基本稳定时,记录应变仪(水压和气压)、轴向位移计、量力环、体变管的读数和时间;⑦开始剪切,定时记录各表读数。

5.1.2　试验结果分析

为了便于分析剪切过程中的孔压特性,将加围压稳定后的水压和气压读数作为起始值,进而考虑在剪切过程中孔隙压力的相对变化量[6]。剪切过程中基质吸力的相对变化量用 $\Delta(u_a - u_w)$ 表示,ε_a 为试样的轴向应变,ν 为剪切速率。

1)剪切速率的影响

图5.5、图5.6分别是含水率为 16.15%、17.17% 的试样在各种剪切速率下的 $\Delta(u_a - u_w) - \varepsilon_a$ 关系曲线。如图5.5、图5.6所示,剪切过程中,基质吸力随着轴向应变的发展而增长。同一围压下,剪切速率越小,基质吸力相对轴向应变的增长幅度越大。当剪切速率小于 0.055mm/min 时,不同围压下的 $\Delta(u_a - u_w) - \varepsilon_a$ 关系曲线已比较接近。

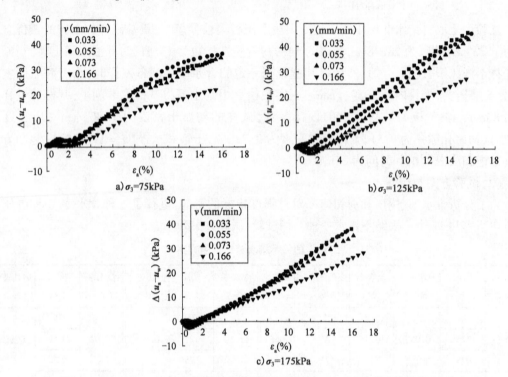

图5.5　含水率为 16.15% 时不同剪切速率和围压下的基质吸力改变量-轴向应变关系曲线

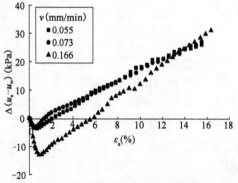

图5.6　$w = 17.17\%$、$\sigma_3 = 175\text{kPa}$ 时不同剪切速率下的基质吸力改变量-轴向应变关系曲线

图 5.7 是含水率为 16.15% 的试样在各种剪切速率下的 $(\sigma_1 - \sigma_3)$-ε_a 关系曲线。当围压分别为 75kPa、125kPa 和 175kPa 时,各种剪切速率下强度值的最大相对差值分别为 4.37%、6.44% 和 4.46%,故认为剪切速率对强度的影响可以忽略不计。

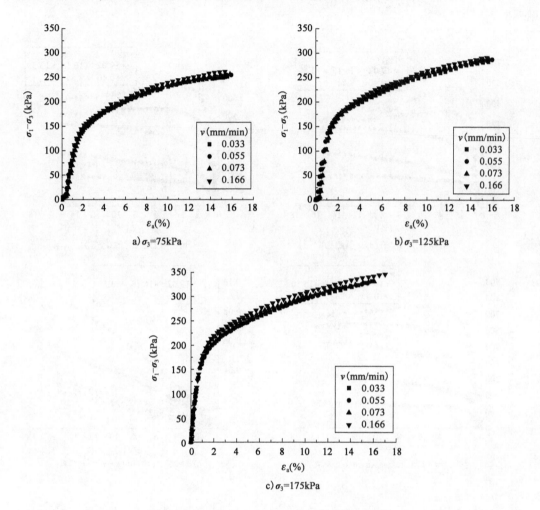

a) $\sigma_3 = 75\mathrm{kPa}$

b) $\sigma_3 = 125\mathrm{kPa}$

c) $\sigma_3 = 175\mathrm{kPa}$

图 5.7 含水率为 16.15% 时不同剪切速率和围压下的偏应力-轴向应变关系曲线

综合以上两个方面,认为剪切速率为 0.055mm/min 比较合适,故在以下的研究中,剪切速率均采用 0.055mm/min。

2) 应力-应变特性

图 5.8 和图 5.9 是剪切速率为 0.055mm/min 时,不同围压和含水率下的应力-应变关系曲线。由图 5.8 可知,以含水率 13.50% 为界限,含水率大于该值时,试样在不同围压下的偏应力-轴向应变关系曲线呈硬化型;含水率小于该值时,试样呈现出应变软化特性。当围压为 75kPa 时,含水率为 8.84% 的试样出现了脆性破坏[图 5.9c)]。无论偏应力-轴向应变曲线是硬化型还是软化型,初始切线模量均随含水率的升高而减小(图 5.8),同时随围压的升高而增大(图 5.9)。

三轴试验的$(\sigma_1-\sigma_3)$-ε_a关系可近似用双曲线方程表示：

$$\varepsilon_a(\sigma_1-\sigma_3)^{-1} = a + b\varepsilon_a \qquad (5.1)$$

用式(5.1)对图5.8d)、e)、f)中试样的应力-应变关系曲线进行拟合,参数a和b的取值见表5.2。

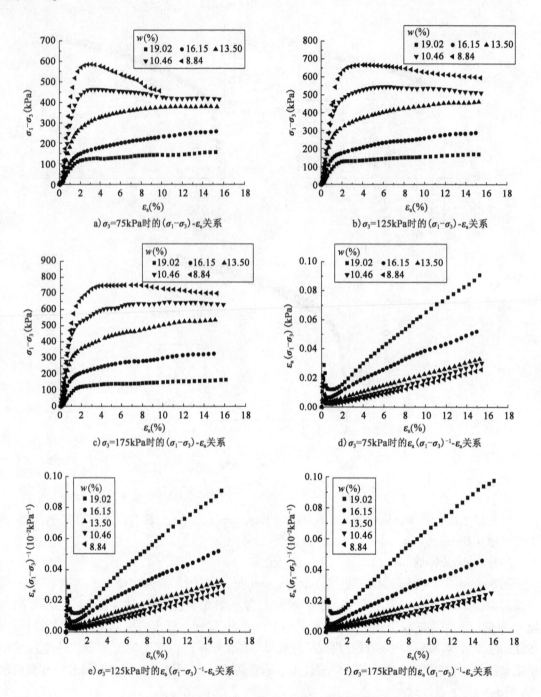

a) σ_3=75kPa时的$(\sigma_1-\sigma_3)$-ε_a关系

b) σ_3=125kPa时的$(\sigma_1-\sigma_3)$-ε_a关系

c) σ_3=175kPa时的$(\sigma_1-\sigma_3)$-ε_a关系

d) σ_3=75kPa时的$\varepsilon_a(\sigma_1-\sigma_3)^{-1}$-$\varepsilon_a$关系

e) σ_3=125kPa时的$\varepsilon_a(\sigma_1-\sigma_3)^{-1}$-$\varepsilon_a$关系

f) σ_3=175kPa时的$\varepsilon_a(\sigma_1-\sigma_3)^{-1}$-$\varepsilon_a$关系

图5.8　不同围压下的应力-轴向应变关系曲线

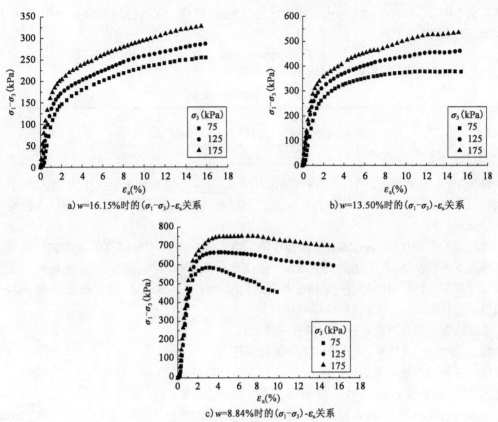

a) w=16.15%时的$(\sigma_1-\sigma_3)$-ε_a关系 　　　　b) w=13.50%时的$(\sigma_1-\sigma_3)$-ε_a关系

c) w=8.84%时的$(\sigma_1-\sigma_3)$-ε_a关系

图5.9　不同含水率下的应力-轴向应变关系曲线

不同含水率下的强度参数　　　　　　　表5.2

w (%)	σ_3 (kPa)	p_f (kPa)	q_f (kPa)	a ($\times 10^{-5}$kPa^{-1})	b	E_i (kPa)	$\tan\omega$	ξ (kPa)	φ_u (°)	c_u (kPa)
8.84	75	270.11	585.34	1.788	0.00188	55921.03	1.07	295.57	27.04	140.77
	125	347.16	666.47	1.492	0.00155	67002.46				
	175	425.64	751.91	1.221	0.00131	81925.05				
10.46	75	229.18	462.55	2.453	0.00227	40758.33	1.14	198.69	28.68	95.12
	125	306.55	544.64	2.068	0.00180	48357.69				
	175	390.55	646.66	1.354	0.00148	73853.34				
13.50	75	201.55	379.64	3.609	0.00237	27707.14	1.03	173.61	26.01	82.47
	125	278.88	461.65	2.722	0.00201	36738.10				
	175	353.55	535.64	1.861	0.00175	53741.25				
16.15	75	160.47	256.41	5.618	0.00341	17798.39	0.56	165.30	14.91	78.20
	125	220.98	287.93	4.428	0.00319	22581.25				
	175	283.53	325.60	3.298	0.00287	30323.97				
19.02	75	127.15	156.46	9.977	0.00607	10023.06	0.09	147.46	2.54	72.71
	125	181.00	167.99	7.093	0.00533	14099.18				
	175	230.10	165.31	8.023	0.00570	12463.47				

注:w为试样的含水率,$\tan\omega$和ξ分别为图5.10中强度包线的斜率和截距。

101

表 5.2 中, E_i 为试样的不排水初始切线杨氏模量, 应用二元线性回归分析, 可以得到 E_i 与含水率、围压之间的关系:

$$E_i = \eta_1 w + \lambda_1 \sigma_3 + \zeta_1 \tag{5.2}$$

式中: $\eta_1, \lambda_1, \zeta_1$ ——拟合参数, 参数取值见表 5.3。

不排水强度指标的拟合参数　　　　表 5.3

η_1 (kPa)	λ_1	ζ_1 (kPa)	α $\times 10^{-2}(°)$	β $\times 10^{10}(°)$	γ	A (kPa)	B ($\times 10^{-2}$)	C (kPa)
-544043.10	200.20	88485.34	3.60	1.31	15.68	39686.61	1.38	76.48

表 5.3 中, η_1 和 λ_1 分别为负值和正值, 反映 E_i 随含水率的升高而减小, 随围压的升高而增大。当含水率和围压都等于零时, $E_i = \zeta_1$, ζ_1 即为干土的无侧限压缩初始切线杨氏模量。

3) 强度特性

将剪切速率为 0.055mm/min 时试样在不同含水率和围压下的强度值作为试样在该含水率和围压下的强度值, 具体结果见表 5.2。强度值的取值标准为: 对于偏应力-轴向应变关系曲线呈硬化型的试样, 取轴向应变 15% 对应的偏应力作为其强度值; 对于偏应力-轴向应变关系曲线呈软化型的试样, 取偏应力峰值作为其强度值。

将试样在不同含水率和围压下的强度值画在 p_f-q_f 坐标上, 如图 5.10 所示, 含水率相同的试样围压与强度值呈良好的线性关系。

为了换算得到 τ-σ 坐标下的强度指标, 将图 5.10 中强度包线的斜率 $\tan\omega$ 和截距 ξ 带入式 (5.3) 和式 (5.4), 即得试样的总内摩擦角 φ_u 和总黏聚力 c_u, 具体数值见表 5.2。

$$\sin\varphi_u = \frac{3\tan\omega}{6 + \tan\omega} \tag{5.3}$$

$$c_u = \frac{(3 - \sin\varphi_u)\xi}{6\cos\varphi_u} \tag{5.4}$$

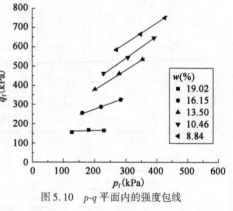

图 5.10　p-q 平面内的强度包线

图 5.11、图 5.12 分别为试样的总内摩擦角、总黏聚力与含水率的关系曲线。总内摩擦角和总黏聚力均随着含水率的升高而减小。这是因为, 随着含水率的提高, 土颗粒周围的水薄膜变厚, 导致相互之间的静电引力减弱, 从而引起内摩擦角和黏聚力的下降。

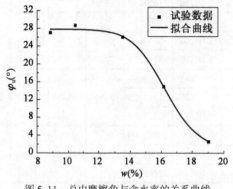

图 5.11　总内摩擦角与含水率的关系曲线

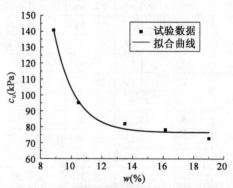

图 5.12　总黏聚力与含水率的关系曲线

图 5.11、图 5.12 中的关系曲线可分别用下列方程拟合：

$$\varphi_{u} = 1/(\alpha + \beta w^{\gamma-1}) \tag{5.5}$$

$$c_{u} = A\exp(-w/B) + C \tag{5.6}$$

式中，α、β、γ、A、B 和 C 是拟合参数，各参数的取值见表5.3。

将式(5.5)、式(5.6)代入 Mohr-Coulomb 强度公式，可以得出不排水抗剪强度与含水率的关系式：

$$\tau_{f} = c_{u} + \sigma\tan\varphi_{u} = A\exp(-w/B) + C + \sigma\tan[1/(\alpha + \beta w^{\gamma-1})] \tag{5.7}$$

式中：σ——剪切面上的法向应力，如果对试样进行直剪试验，σ 即施加的竖向应力。

当含水率 w 和剪切面上的法向应力 σ 已知时，将其数值代入式(5.7)，便可以求出试样的不排水抗剪强度。

4)体变特性

图 5.13 是不同围压和含水率下体应变与轴向应变的关系曲线。ε_{v} 是试样在剪切过程中的体应变，其符号规定以试样体积相对于初始体积减小(即剪缩)为正。由图 5.13 可知，含水率与围压较小时，试样发生剪胀；反之，剪胀减小或没有剪胀。这是因为，当含水率较低(8.84% 和 10.46%)时，土颗粒进行重新排列时所受的阻力较大，试样的剪切变形相对于压密变形起主导作用，试样发生剪胀；而在同一含水率下，围压越小时，试样所受的约束力就越小，因而越容易发生剪胀。

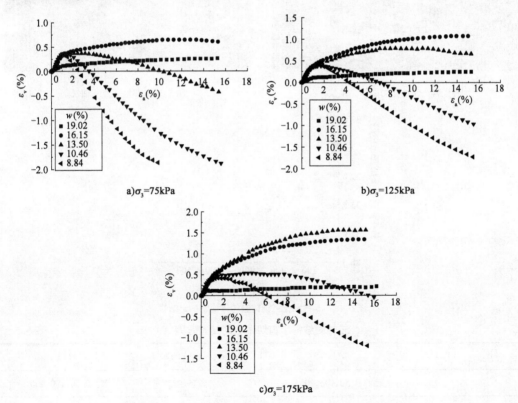

图 5.13　不同围压和含水率下的体应变-轴向应变关系曲线

5.2 三轴固结排水抗剪强度试验研究

5.2.1 试验概况

饱和土的排水剪切试验采用 GDS 应力路径三轴仪(图 5.14),体积控制精度为 $1mm^3$,应力量测精度为 1kPa,根据以往经验,固结时间设定为 48h,剪切速率选用 0.0066mm/min;而对于非饱和土,采用非饱和土三轴仪(图 5.15),固结过程的稳定条件为 2h 内体变不大于 $0.0063cm^3$,排水量不大于 $0.012cm^3$,固结过程中每隔 8h 对底座螺旋槽通水一次,冲走陶土板底部气泡,固结时间约为 48h。试样的初始干密度为 $1.80g/cm^3$。试样饱和采用真空饱和法,饱和时间为 24h。体变标定结果见图 5.16,图中的 σ_3 表示围压。试验方案列于表 5.4,$\sigma_3 - u_a$ 表示净围压。

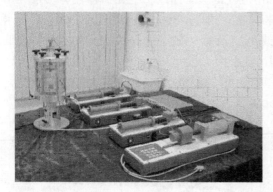

图 5.14 GDS 应力路径三轴仪

图 5.15 非饱和土三轴仪

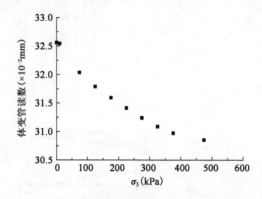

图 5.16 非饱和土三轴试验的体变管标定结果

三轴固结排水剪切试验的试验方案　　　　　　　　　　　　　　表 5.4

$\sigma_3 - u_a(kPa)$	$s(kPa)$	$\sigma_3 - u_a(kPa)$	$s(kPa)$
75	0、50、100、200	275	0、50、100、200
175	0、50、100、200		

5.2.2 试验结果分析

1) 应力-应变特性

图 5.17 是不同净围压和基质吸力下的应力-应变关系曲线。除净围压为 75kPa 和 175kPa、吸力为 0kPa 的试样外,其余试样在不同净围压和吸力下的偏应力-轴向应变关系曲线呈硬化型。试样的初始切线模量均随吸力和净围压的升高而增大。同一净围压下,相应于同一轴向应变,吸力较大的试样能承受的偏应力较大,这是因为吸力较大时,土颗粒之间的有效黏聚力较大。

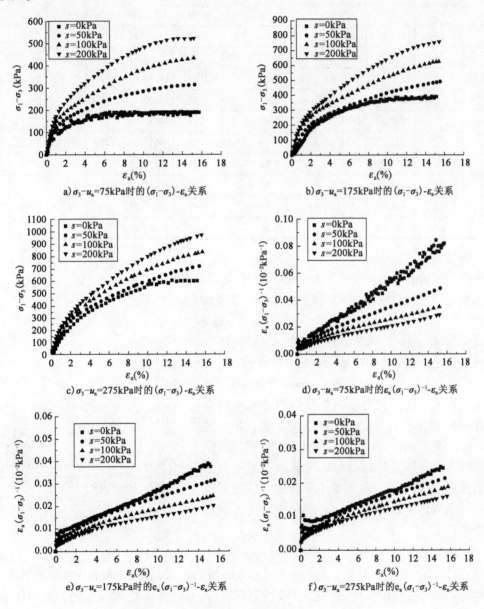

图 5.17 不同净围压和吸力下的应力-轴向应变关系曲线

三轴试验的 $(\sigma_1 - \sigma_3) - \varepsilon_a$ 关系可近似用双曲线方程表示：

$$\varepsilon_a (\sigma_1 - \sigma_3)^{-1} = a + b\varepsilon_a \tag{5.8}$$

用式(5.8)对图5.17d)、e)、f)中试样的应力-应变关系曲线进行拟合,参数 a 和 b 的数值见表5.5。

不同吸力下的强度参数　　　　　表5.5

s (kPa)	$\sigma_3 - u_a$ (kPa)	p_f (kPa)	q_f (kPa)	a ($\times 10^{-5}$kPa^{-1})	b ($\times 10^{-3}$)	E_i (kPa)	$\tan\omega$	ξ' (kPa)	$\varphi(°)$	c' (kPa)
	75	142.39	191.15	10.38	4.80	9630.846				
0	175	305.93	392.84	9.46	2.07	10572.41	1.24	13.48	30.93	6.50
	275	474.01	600.7	8.71	1.14	11481.81				
	75	179.75	314.25	9.74	2.85	10268.71				
50	175	338.99	491.97	7.62	1.77	13130.03	1.21	71.62	30.26	34.49
	275	514.78	719.33	6.48	1.09	15422.10				
	75	219.57	433.71	6.81	1.98	14682.19				
100	175	383.73	626.18	5.24	1.37	19071.03	1.20	150.35	30.05	72.35
	275	553.19	834.58	5.82	0.98	17172.16				
	75	249.25	522.74	5.83	1.64	17147.27				
200	175	428.06	759.17	5.09	1.13	19646.21	1.29	228.38	32.08	110.90
	275	600.04	975.13	4.90	0.82	20401.87				

2)强度特性

试样强度值的取值标准见5.1.2节相关内容,强度参数列于表5.5。图5.18为 p-q 平面内的强度包线。吸力相同的一组试验点落在一条直线上,可用下式表达:

$$q_f = \xi + p_f \tan\omega \tag{5.9}$$

式中, ξ 和 $\tan\omega$ 分别是直线的截距和斜率,用最小二乘法确定。土的有效内摩擦角从下式求得:

$$\sin\varphi' = 3\tan\omega / (6 + \tan\omega) \tag{5.10}$$

由于不同吸力下的有效内摩擦角与饱和土的有效内摩擦角相差不大,因此 φ' 可取为常数(即 φ' 为30.93°)。取 $\tan\omega$ 等于饱和土的相应数值(即1.240),利用式(5.9)就可以计算出不同吸力下的 ξ 的校正值,记为 ξ' 。表5.5中所列的 ξ' 值是同一吸力不同净围压下的平均值。土的有效黏聚力 c' 由下式给出:

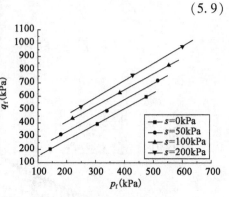

图5.18　p-q 平面内的强度包线

$$c' = (3 - \sin\varphi')\xi' / (6\cos\varphi') \tag{5.11}$$

由式(5.10)和式(5.11)可计算出土的有效黏聚力 c',其值列于表5.5中。表5.5中, E_i 为试样的初始切线杨氏模量,应用二元线性回归分析,可以得到 E_i 和基质吸力和净围压之间的关系:

$$E_i = \eta_2 s + \lambda_2 (\sigma_3 - u_a) + \zeta_2 \tag{5.12}$$

式中:η_2、λ_2、ζ_2——拟合参数,$\eta_2 = 15.94$,$\lambda_2 = 43.32$,$\zeta_2 = 8306.3\text{kPa}$。$\eta_2$ 和 λ_2 均为正值,反映 E_i 随基质吸力和净围压的升高而增大。

当基质吸力和围压都等于零时,$E_i = \zeta_2$,ζ_2 即饱和土的无侧限压缩初始切线杨氏模量。

表 5.5 中,有效黏聚力随基质吸力的增大而增大。其关系可用两段直线或简单地用一条直线拟合(图 5.19、图 5.20)。直线的斜率为有效黏聚力随吸力增长的速率,用 φ_b 表示。

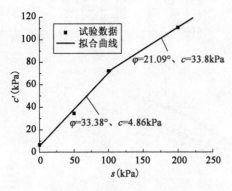
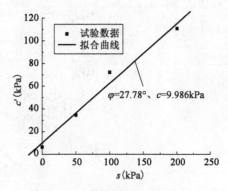

图 5.19 用折线拟合的 $c\text{-}s$ 关系   图 5.20 用直线拟合的 $c\text{-}s$ 关系

采用 Fredlund 等提出的非饱和土抗剪强度理论公式[6],可得出抗剪强度与剪切面上的净法向应力和基质吸力的关系式:

$$\tau_f = c + \sigma \tan\varphi = c' + (\sigma - u_a)\tan\varphi' + (u_a - u_w)\tan\varphi_b \tag{5.13}$$

式中:c',φ'——饱和土的抗剪强度指标;

$\sigma - u_a$——剪切面上的净法向应力;

$u_a - u_w$——吸力。

从式(5.13)可知,试样抗剪强度随着剪切面上的净法向应力和基质吸力的增大而增大。

3)体变特性

图 5.21 是不同净围压和基质吸力下体应变-轴向应变关系曲线。对应于同一轴向应变,当净围压相等时,吸力越大,体应变越大(即剪缩越大);而在吸力相等时,体应变随着净围压的增大而增大。吸力与净围压较小(吸力为 0kPa、净围压为 75kPa 和 175kPa)时,试样发生剪胀;反之,剪胀减小或没有剪胀。但对于所有试样,在轴向应变较小时(小于 2%),试样均呈现剪缩。这是因为,在剪切初始阶段,试样的压密变形相对于剪切变形起主导作用。随着剪切的发展,吸力和净围压不同的试样呈现出不同的性质:同一净围压下(净围压为 75kPa 和 175kPa 时),吸力较大(吸力为 50kPa、100kPa 和 200kPa)的试样,其土颗粒之间的有效黏聚力较大,不容易发生滑移变形,所以在偏应力不断增大时,试样的压密变形相对于剪切变形一直起主导作用,试样呈现剪缩,并且剪缩变形的大小也随着吸力的增大而增大;而吸力较小(吸力为 0kPa)的试样,由于其土颗粒之间的有效黏聚力较小,抵抗滑移变形的能力较差,所以当偏应力超过一定值后,试样呈现剪胀;同一吸力下,当吸力为 0kPa 时,由于净围压较小(净围压为 75kPa 和 175kPa 时),试样发生剪切变形所受的周围约束力较小,因此当偏应力超过一定值后,试样呈现剪胀。

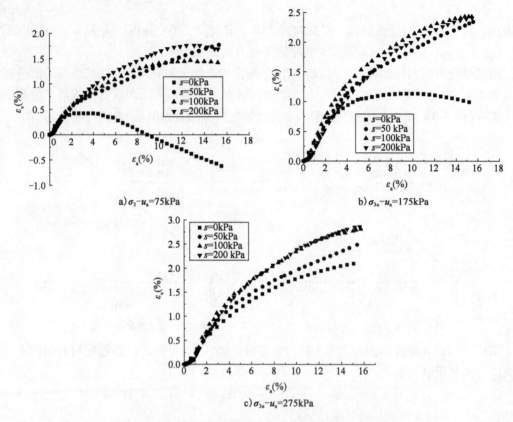

图 5.21　不同净围压和基质吸力下的体应变-轴向应变关系曲线

5.3　三轴等 p 固结排水抗剪强度试验研究

5.3.1　试验概况

采用非饱和土三轴仪(图 5.15)进行试验,试样制备方法见 5.1.1 小节,试样初始干密度为 1.80g/cm³,初始孔隙比为 0.51,初始含水率为 16.72%。在试验中,控制净平均应力和吸力为常数,试样先在一定的净围压和吸力下固结(固结过程的稳定标准见 5.2.1 小节),固结稳定后随即进行剪切试验,开动步进电机,偏应力分级施加。由于围压 σ_3 应大于孔隙气压力 u_a 的数值,故当试样发生剪切破坏或者 σ_3 小于孔隙气压力 u_a 时,剪切终止。

控制净平均应力为常数的方法是:偏应力$(\sigma_1 - \sigma_3)$每增大一级时,相应减小围压 σ_3,控制净平均应力 p 等于常数。为了尽量消除加载速率对试样的影响,剪切速率取 0.0066mm/min。试验方案见表 5.6。

三轴等 p 固结排水剪切试验的试验方案　　　　　　　　　　表 5.6

$p(\text{kPa})$	100	200	300
$s(\text{kPa})$	0、50、100、200	0、50、100、200	0、50、100、200

5.3.2 试验结果分析

1）应力-应变特性

图5.22是等p固结排水剪切试验的应力-应变曲线，当净平均应力和吸力较低时，试样呈现软化的特性。不同净平均应力和吸力下，试样的初始切线模量差别不大。除净平均应力为100kPa，吸力为200kPa的试样外，其余试样都出现了脆性破坏，相应地，试样的强度值是峰值点对应的数值。

2）强度特性

图5.23为p-q平面内的强度包线。吸力相同的一组试验点落在一条直线上，因此，求解三轴等p试验的抗剪强度指标时可参照求解三轴有效强度指标的办法（见5.2.2节）。为了与总强度指标和有效强度指标区分，称等p试验的抗剪强度指标为等p强度指标，即等p内摩擦角φ_p和等p黏聚力c_p，φ_p和c_p的计算值列于表5.7。

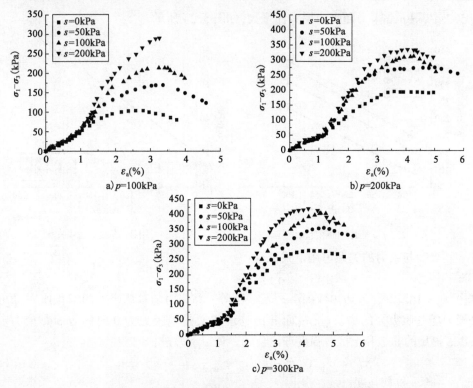

图5.22 不同净围压和吸力下的偏应力-轴向应变关系曲线

三轴等p固结排水剪切试验的强度参数 表5.7

s （kPa）	$\sigma_3 - u_a$ （kPa）	p_f （kPa）	q_f （kPa）	E_i （kPa）	$\tan\omega$	ξ （kPa）	ξ' （kPa）	φ_p（°）	c_p （kPa）
0	100	100	103.79	4262.53	0.89	16.47	13.93	22.82	6.60
	200	200	195.93	4651.47					
	300	300	280.84	5155.73					

续上表

s (kPa)	$\sigma_3 - u_a$ (kPa)	p_f (kPa)	q_f (kPa)	E_i (kPa)	$\tan\omega$	ξ (kPa)	ξ' (kPa)	φ_p (°)	c_p (kPa)
50	100	100	169.63	3734.81	0.93	80.37	94.03	23.75	44.47
	200	200	276.03	4152.31					
	300	300	356.71	5511.79					
100	100	100	213.20	3659.30	0.96	118.33	131.35	24.46	62.19
	200	200	313.35	4357.81					
	300	300	405.59	5057.02					
200	100	100	—	4339.87	0.86	161.27	151.94	22.10	71.71
	200	200	333.94	4892.24					
	300	300	420.28	5362.61					

表 5.7 中,等 p 黏聚力随吸力增大而增大,如图 5.24 所示。

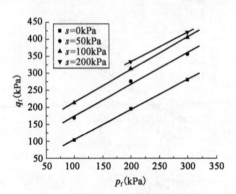

图 5.23　p-q 平面内的强度包线

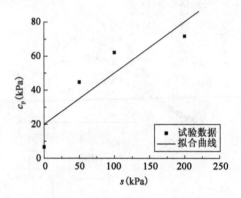

图 5.24　用直线拟合的 c_p-s 关系

等 p 黏聚力与吸力的关系可用下式拟合:

$$c_p = a + \tan\varphi_c s \tag{5.14}$$

其中,$\varphi_c = 16.78°$,$a = 19.94\text{kPa}$。φ_c 反映了等 p 黏聚力随基质吸力的增长速率,φ_c 越大,等 p 黏聚力随基质吸力的增长越快;而 a 的物理意义是当吸力为 0 时的等 p 黏聚力。现将 Fredlund 等提出的非饱和土抗剪强度理论公式[6]做以下改进:

$$\tau_{fp} = c'_p + (\sigma - u_a)\tan\varphi'_p + (u_a - u_w)\tan\varphi_c \tag{5.15}$$

式中:τ_{fp}——等 p 抗剪强度;

c'_p, φ'_p——分别为饱和土的等 p 黏聚力和等 p 内摩擦角;

$\sigma - u_a$——剪切面上的净法向应力;

$u_a - u_w$——吸力。

从式(5.15)可知,等 p 抗剪强度随着剪切面上的净法向应力和吸力的增大而增大。

表 5.8 是三轴固结排水剪切试验和三轴等 p 固结排水剪切试验强度指标的比较。在吸力较低(不超过 50kPa)时,两种试验的强度指标差别不大。吸力较高时,等 p 黏聚力和等 p 内摩擦角较低。

三轴固结排水剪切和三轴等 p 剪切试验强度指标的比较　　　　　　　　表 5.8

基质吸力(kPa)		0	50	100	200
黏聚力(kPa)	CD 试验	6.50	34.49	72.35	110.90
	等 p 试验	6.60	44.47	62.19	71.71
内摩擦角(°)	CD 试验	30.93	30.26	30.05	32.08
	等 p 试验	22.82	23.75	24.46	22.10

3)体变特性

图 5.25 是等 p 固结排水剪切试验中试样体应变与轴向应变的关系曲线。当轴向应变较小时,在不同净平均应力和吸力下,试样均发生剪缩。但随着剪切的发展,试样均呈现出剪胀的特点。这是因为,在等 p 固结排水剪切试验中,净平均应力为常数,所以,随着偏应力的增加,围压就要相应地减小,因此,当剪缩变形达到一定值后,土颗粒之间的相对滑移不能受到试样周围压力的有效约束,试样发生了剪胀。当基质吸力较小时,土颗粒之间的有效黏聚力较小,剪胀变形较大。

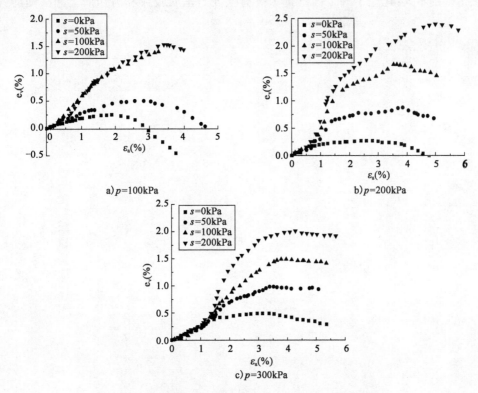

图 5.25　不同净围压和基质吸力下的体应变-轴向应变关系曲线

5.4　本　章　小　结

通过对渠坡换填黏性土进行三轴不排水剪切、三轴固结排水剪切和三轴等 p 固结排水剪切试验,系统探讨了其强度随剪切速率、含水率和周压的变化规律,得到了以下结论:

（1）三轴不排水剪切试验中，剪切速率对试样基质吸力的影响较大，而对强度几乎无影响，不排水剪切合适的剪切速率为 0.055mm/min；当含水率和围压较低时，试样发生剪胀，相应的偏应力-轴向应变关系曲线呈软化型；不排水初始切线杨氏模量随含水率的增大而减小，随围压的增大而增大；对于同一含水率，不同围压下的强度值在 p_f-q_f 坐标上呈良好的线性关系，建立了总内摩擦角、总黏聚力、不排水抗剪强度与含水率的关系式。

（2）三轴固结排水剪切试验中，试样强度随基质吸力的提高而增大；当基质吸力和净围压较低时，试样发生剪胀，相应的偏应力-轴向应变关系曲线呈软化型；试样的初始切线模量随基质吸力的增大而增大，随净围压的增大而增大；试样的有效黏聚力随着基质吸力的增大而提高，而同一基质吸力下，试样的有效内摩擦角差别不大，可认为与饱和土的有效内摩擦角相等；得到了三轴固结排水抗剪强度与基质吸力和剪切面上净法向应力的关系式。

（3）三轴等 p 固结排水剪切试验中，试样强度随基质吸力的提高而增大；当吸力和净围压较低时，试样发生剪胀，相应的偏应力-轴向应变关系曲线呈软化型；不同吸力和净围压下试样的初始切线模量差别不大；等 p 黏聚力随着基质吸力的增大而提高，而同一基质吸力下，等 p 内摩擦角差别不大；建立了等 p 固结排水抗剪强度与基质吸力和剪切面上净法向应力的关系式。

第6章 换填非饱和粉质黏土压缩和湿化变形特性

土的压缩和建(构)筑物的沉降一直是实际工程中关心的问题。研究土的压缩特性以及确定其压缩性指标时,可借助于室内一维压缩试验,探究土孔隙比随时间的变化规律[147]。另一方面,土的压缩特性也可从孔隙比、竖向应变与竖向压力的变化关系来研究。文献[148]基于亚塑性理论,推导出了适合于无黏性土的应力-应变方程。而文献[149]提出了描述黏土一维压缩竖向应变和竖向压力变化的双曲线模型。实际工程中,土并不是均质的,也常常是非饱和的,土的压缩特性还受到密实度和饱和度的影响。文献[150]研究了残积土的压缩特性随深度的变化规律。文献[151]研究了黏土的压缩性指标随基质吸力和净竖向压力的变化关系。此外,土的压缩特性还与其矿物成分等因素有关[152]。

膨胀土渠坡采用非饱和粉质黏土进行换填处理是保证渠坡稳定的重要措施。换填非饱和粉质黏土在水力耦合作用下产生一定的压缩变形以及湿化变形,这对整个渠坡产生重要影响。为了定量分析换填土的一维压缩特性,及其在排水和不排水条件下的湿化特性,本章进行了一系列控制吸力的一维压缩试验[153],并在第5章三轴剪切试验数据的基础上,计算分析了不同基质吸力和含水率下的非饱和粉质黏土的湿化变形规律,可为进一步认识膨胀土地区引水渠坡稳定性提供机理分析依据。

6.1 压缩特性试验研究

6.1.1 试验概况

试验仪器为饱和土固结仪(图6.1)和非饱和土四联直剪仪(图6.2)。制备试样时,按照控制的干密度,采用静力压实模具,一次成型,制好的试样内径为61.8mm,高度为20mm。试样饱和采用真空饱和法,饱和24h以上。为了研究土的密实度和基质吸力对一维压缩特性的影响,共进行了4种吸力、4种干密度,共16个一维压缩试验。对于饱和土,每级荷载下的稳定时间为24h[73];对于非饱和试样,稳定标准为2h内其竖向变形不超过0.01mm。试验方案列于表6.1。

一维压缩试验的试验方案 表6.1

吸力 s(kPa)	0	100	200	400
净竖向压力(kPa)	0~800	0~1200	0~1200	0~1200
干密度(g/cm³)	1.6、1.7、1.8、1.9	1.6、1.7、1.8、1.9	1.6、1.7、1.8、1.9	1.6、1.7、1.8、1.9

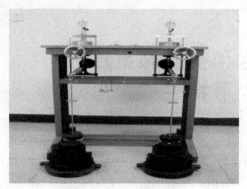

图6.1　饱和土固结仪

图6.2　非饱和土四联直剪仪

6.1.2　试验结果分析

图6.3为吸力一定时,孔隙比与净竖向压力的关系曲线,$\sigma - u_a$表示净竖向压力。总的来看,当吸力相同时,试样的压缩指数(即压缩曲线屈服后的斜率)随干密度的增大而减小。压缩曲线可大致分为两段:当净竖向压力较低时,孔隙比随净竖向压力的变化较小,曲线平缓;当净竖向压力超过一定值(可认为是试样的屈服压力)后,孔隙比随净竖向压力的增大而急剧减小,曲线的斜率增大。屈服压力前后的曲线可近似用直线拟合,两条直线的交点即屈服压力。当吸力相同时,试样的屈服压力随干密度的增大而增大。

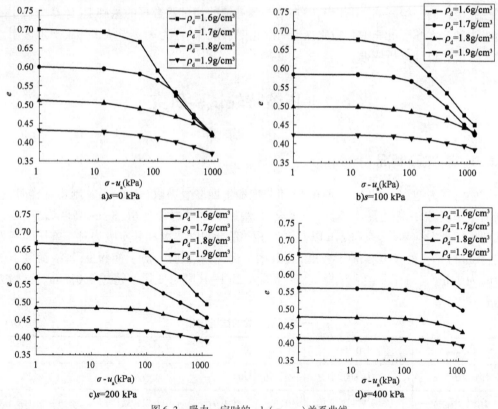

图6.3　吸力一定时的e-$\lg(\sigma - u_a)$关系曲线

图6.4为干密度相同时,孔隙比与净竖向压力在半对数坐标下的关系曲线。总的来看,随着吸力的增大,屈服压力增大,压缩指数减小。净竖向压力较小时,吸力较大的试样孔隙比较小;净竖向压力较大时,吸力较大的试样孔隙比较大。而对应于同一孔隙比,吸力较大的试样能承受的净竖向压力较大。这是因为,净竖向压力的增加会导致试样压密,孔隙体积变小;而吸力对试样的作用则是双重的,它在使试样收缩的同时,引起试样含水率下降,土颗粒之间的有效黏聚力增大。因此,在净竖向压力较小时,吸力大的试样收缩变形较大,孔隙体积较小;而当净竖向压力较大时,吸力较大的试样呈现出较大的硬度,反而不容易被压密。实际上,可以将吸力看作是一种预压力(类似于地基处理中的真空预压)。在预压的过程中,吸力越大,试样的固结沉降越大,预压效果越好,这样在后期加压时土的变形就越小,承载力也越高。试样在制备时所受的压力相当于先期固结压力,干密度较大的试样先期固结压力较大,因此与干密度较小的试样相比,变形受吸力和净竖向压力的影响较小,孔隙体积变化较小。不同吸力和干密度下的压缩指数(用 C_t 表示)和屈服压力(用 p_y 表示)列于表6.2。

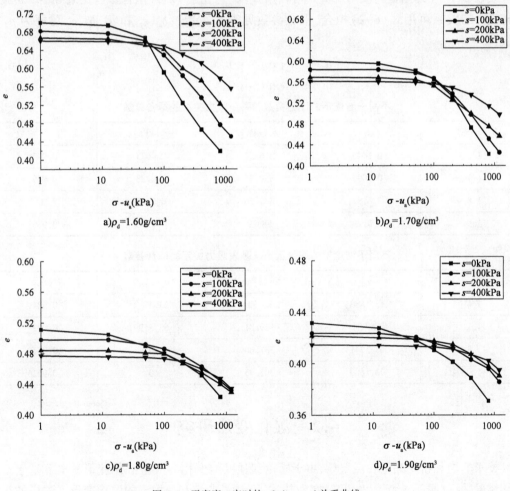

图6.4 干密度一定时的 $e\text{-}\lg(\sigma-u_a)$ 关系曲线

一维压缩试验的结果　　　　　　　表6.2

干密度 ρ_d (g/cm³)	吸力 s (kPa)	压缩指数 C_t	屈服压力 p_y (kPa)	干密度 ρ_d (g/cm³)	吸力 s (kPa)	压缩指数 C_t	屈服压力 p_y (kPa)
1.60	0	0.2059	34.43	1.70	0	0.1366	53.12
	100	0.1563	48.29		100	0.1152	89.79
	200	0.1164	51.89		200	0.0878	72.14
	400	0.0859	96.63		400	0.0655	158.42
1.80	0	0.0537	35.62	1.90	0	0.0385	45.62
	100	0.0506	88.19		100	0.0273	95.23
	200	0.0480	109.91		200	0.0277	147.59
	400	0.0441	173.58		400	0.0244	264.04

表6.2中,压缩指数与吸力的关系可以用式(6.1)进行拟合,拟合参数见表6.3。屈服压力与吸力的关系可用式(6.2)拟合,拟合参数见表6.4。a_1、b_1、c_1 和 a_2、b_2、c_2 可视为 ρ_d 的函数。

$$C_t = a_1 \exp(- s/b_1) + c_1 \qquad\qquad (6.1)$$
$$p_y = a_2 \exp(- s/b_2) + c_2 \qquad\qquad (6.2)$$

不同干密度下的压缩指数与基质吸力关系的拟合参数　　　表6.3

ρ_d (g/cm³)	a_1	b_1 (kPa)	c_1 (kPa)	相关系数
1.6	0.1445	216.27	0.0623	0.9974
1.7	0.1090	359.75	0.0288	0.9898
1.8	0.0182	532.26	0.0355	1
1.9	0.0129	58.49	0.0256	0.9593

不同干密度下的屈服压力与基质吸力关系的拟合参数　　　表6.4

ρ_d (g/cm³)	a_2	b_2 (kPa)	c_2 (kPa)	相关系数
1.6	13.1883	23.91	23.4732	0.9849
1.7	4.4906	129.81	60.1199	0.9032
1.8	63.5241	387.60	0	0.9450
1.9	73.1689	303.95	0	0.9225

6.2　湿化变形研究

换填非饱和粉质黏土在浸湿后,由于模量和强度的变化会产生湿化变形。本节基于三轴剪切试验数据(见第5章),采用三轴"双线法"来计算非饱和换填土的湿化变形。试样的初始干密度为 1.80g/cm^3,初始孔隙比为0.51。

6.2.1 湿化变形计算方法

图 6.5 和图 6.6 分别是排水条件和不排水条件下湿化变形的计算方法。

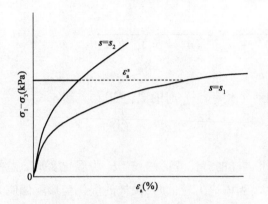

图 6.5 排水条件下湿化变形的计算方法   图 6.6 不排水条件下湿化变形的计算方法

计算的具体过程如下：

三轴试验的应力-应变曲线在峰值点之前可用式(6.3)来描述：

$$\sigma_1 - \sigma_3 = \frac{\varepsilon_a}{a + b\varepsilon_a} \tag{6.3}$$

变换坐标后得：

$$\frac{\varepsilon_a}{\sigma_1 - \sigma_3} = a + b\varepsilon_a \tag{6.4}$$

对式(6.3)和式(6.4)取极限，得：

$$\lim_{\varepsilon_a \to \infty}\left(\frac{\varepsilon_a}{a + b\varepsilon_a}\right) = \frac{1}{b} = (\sigma_1 - \sigma_3)_{\text{ult}} \tag{6.5}$$

$$\lim_{\substack{\varepsilon_a \to 0 \\ (\sigma_1-\sigma_3)\to 0}}\left(\frac{\varepsilon_a}{\sigma_1 - \sigma_3}\right) = \lim_{\substack{\varepsilon_a \to 0 \\ (\sigma_1-\sigma_3)\to 0}}\frac{\mathrm{d}\varepsilon_a}{\mathrm{d}(\sigma_1 - \sigma_3)} = E_i^{-1} = a \tag{6.6}$$

式(6.5)、式(6.6)中，a 为初始切线模量 E_i 的倒数；b 为主应力差渐进值 $(\sigma_1 - \sigma_3)_{\text{ult}}$ 的倒数。绘制不同围压或净围压下 $\varepsilon_1/(\sigma_1 - \sigma_3)$-$\varepsilon_1$ 关系曲线，直线的截距就是 a，斜率即为 b。由式(6.3)可得：

$$\varepsilon_a = \frac{a}{(\sigma_1 - \sigma_3)^{-1} - b} \tag{6.7}$$

6.2.2 排水条件下的湿化变形计算

相同净围压下的湿化变形可由两条应力-应变关系曲线的差值求得：

$$\varepsilon_a^s = \varepsilon_a^{s_1} - \varepsilon_a^{s_2} = \frac{a_{s_1}}{(\sigma_1 - \sigma_3)_{s_1}^{-1} - b_{s_1}} - \frac{a_{s_2}}{(\sigma_1 - \sigma_3)_{s_2}^{-1} - b_{s_2}} \tag{6.8}$$

式中：角标 s_1，s_2——分别代表不同吸力 $(s_2 > s_1)$；

      ε_a^s——试样从吸力为 s_2 降到吸力为 s_1 时的湿化变形，见图 6.5。

6.2.3 不排水条件下的湿化变形计算

相同围压下的湿化变形由下式给出:

$$\varepsilon_a^w = \varepsilon_a^{w_1} - \varepsilon_a^{w_2} = \frac{a_{w_1}}{(\sigma_1 - \sigma_3)_{w_1}^{-1} - b_{w_1}} - \frac{a_{w_2}}{(\sigma_1 - \sigma_3)_{w_2}^{-1} - b_{w_2}} \tag{6.9}$$

式中:角标 w_1, w_2——分别为不同含水率($w_1 > w_2$);

ε_a^w——试样从含水率为 w_2 增加到含水率为 w_1 时的湿化变形,见图6.6。

6.2.4 排水条件下的湿化变形分析

图6.7是排水条件下,不同净围压和吸力下试样的湿化变形曲线。ε_a^s 为湿化变形。总的来看,试样的湿化变形随着偏应力的提高而增大;当偏应力较低时,试样的湿化变形随偏应力的增长幅度较小;当偏应力继续提高时,湿化变形随偏应力的增长幅度变大。当净围压相等时,吸力越大(即含水率越低),试样的湿化变形越大。在吸力相等时,净围压越大,湿化变形越小。排水条件下湿化变形的拟合参数列于表6.5。

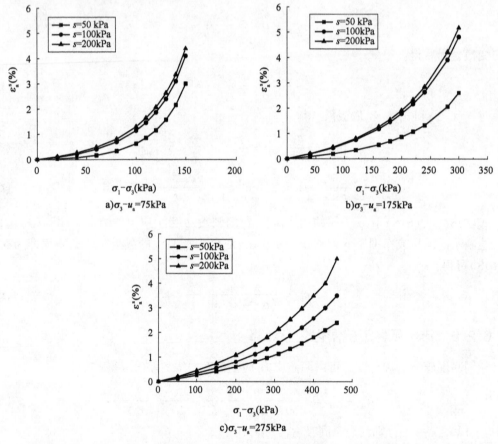

图6.7 排水条件下的湿化变形曲线

排水条件下湿化变形的双曲线模型参数   表 6.5

$\sigma_3 - u_a$ (kPa)	s (kPa)	$(\sigma_1 - \sigma_3)_f$ (kPa)	$(\sigma_1 - \sigma_3)_{ult}$ (kPa)	R_f		a ($\times 10^{-5} kPa^{-1}$)	b ($\times 10^{-3}$)
				试验值	平均值		
75	0	202.16	208.33	0.97		10.38	4.80
	50	314.25	350.88	0.90	0.90	9.74	2.85
	100	433.71	505.05	0.86		6.81	1.98
	200	522.74	609.76	0.86		5.83	1.64
175	0	392.81	483.09	0.81		9.46	2.07
	50	491.97	564.97	0.87	0.85	7.62	1.77
	100	626.18	729.93	0.86		5.24	1.37
	200	759.17	884.96	0.86		5.09	1.13
275	0	597.03	877.19	0.68		8.71	1.14
	50	719.33	917.43	0.78	0.77	6.48	1.09
	100	834.58	1020.41	0.82		5.82	0.98
	200	975.13	1219.51	0.80		4.90	0.82

注:$R_f = (\sigma_1 - \sigma_3)_f / (\sigma_1 - \sigma_3)_{ult}$ 为三轴剪切试验中的破坏比。

6.2.5 不排水条件下的湿化变形分析

图 6.8 是不排水条件下,不同围压和含水率下试样的湿化变形曲线。ε_a^w 为试样从非饱和状态变为饱和状态时(饱和含水率为 19.02%)的湿化变形。总的来看,湿化变形量随着偏应力的提高而增大:当偏应力较低时,试样的湿化变形随偏应力的增长幅度较小;当偏应力继续提高时,湿化变形随偏应力的增长幅度变大。这是因为在偏应力较低时,试样处于弹性变形状态,内部结合紧密,抵抗外力作用较强;而偏应力继续提高时,试样屈服,产生塑性变形,抵抗外力作用变差。

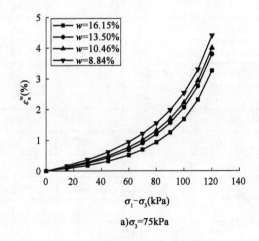

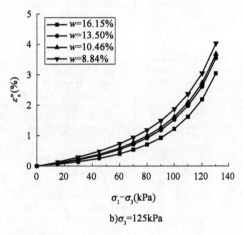

a)σ_3=75kPa   b)σ_3=125kPa

图 6.8

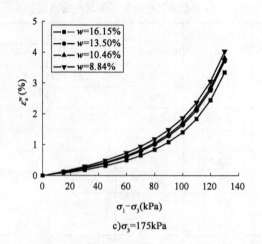

c)σ_3=175kPa

图6.8　不排水条件下的湿化变形曲线

当围压相等时,含水率越低,试样的湿化变形越大;当含水率相等时,围压越大,湿化变形越小。这是因为围压较大时,试样在围压下已经发生较大的压密变形,土样内部结合紧密,且围压较大时,试样的压缩模量大,使试样的湿化受含水率的影响变小。不排水条件下湿化变形的拟合参数列于表6.6。

不排水条件下湿化变形的双曲线模型参数　　　　　　　　　　表6.6

σ_3 (kPa)	w (%)	$(\sigma_1 - \sigma_3)_f$ (kPa)	$(\sigma_1 - \sigma_3)_{ult}$ (kPa)	R_f		a ($\times 10^{-5}$kPa^{-1})	b ($\times 10^{-3}$)
				试验值	平均值		
75	19.02	585.34	531.91	1.10	0.98	1.788	1.88
	16.15	462.55	440.53	1.05		2.453	2.27
	13.50	379.64	421.94	0.90		3.609	2.37
	10.46	256.41	293.26	0.87		5.618	3.41
	8.84	156.46	164.74	0.95		9.977	6.07
125	19.02	666.47	645.16	1.03	0.96	1.492	1.55
	16.15	544.64	555.56	0.98		2.068	1.80
	13.50	461.65	497.51	0.93		2.722	2.01
	10.46	287.93	313.48	0.92		4.428	3.19
	8.84	167.99	175.44	0.96		8.023	5.70
175	19.02	751.91	763.36	0.99	0.95	1.221	1.31
	16.15	646.66	675.68	0.96		1.354	1.48
	13.50	535.64	571.43	0.94		1.861	1.75
	10.46	325.6	348.43	0.93		3.298	2.87
	8.84	165.31	175.44	0.94		8.023	5.70

注:$R_f = (\sigma_1 - \sigma_3)_f / (\sigma_1 - \sigma_3)_{ult}$为三轴剪切试验中的破坏比。

6.3 本章小结

对不同干密度的换填土进行了控制吸力的一维压缩试验,分析了换填土的一维压缩特性;引用第5章中三轴固结排水剪切和三轴不排水剪切试验的数据,对换填土在排水条件和不排水条件下的湿化变形进行了计算分析,得到了以下结论:

(1)试样的压缩指数随干密度和吸力的增大而减小,屈服压力随干密度和吸力的增大而增大;压缩指数、屈服压力与吸力的关系均可用指数函数拟合。

(2)用三轴双线法建立了排水和不排水两种条件下湿化变形的计算公式。

(3)排水和不排水条件下,湿化变形均随偏应力的提高而增大,当偏应力较高时,湿化变形随偏应力发展而增长的幅度较大。

(4)排水条件下,吸力越大,湿化变形越大;净围压越大,湿化变形越小。不排水条件下,含水率越低,湿化变形越大;围压越大,湿化变形越小。

第7章　非饱和土新非线性本构模型的构建与应用

Duncan 和 Chang 提出了饱和土的 $E-\mu$ 模型[154],该模型是一种经验模型,但由于其形式简单,且参数易于确定,在工程中得到了广泛应用。然而,许多学者发现,在描述土(尤其剪胀性强的土)的应力-应变特性时,该模型与工程实际情况相差较大。在此之后,一些学者提出了不同形式的模型[155-156]。

实际工程中的土大多处于非饱和状态,与饱和土的性质存在很大差异。文献[40]提出了非饱和土的一种非线性模型,可以看作是饱和土 $E-\mu$ 模型的推广。文献[157]研究了含水率对非饱和土强度和变形的影响,提出了另一种改进 $E-\mu$ 模型。由于双曲线数学形式的局限性,Duncan-Chang 的 $E-\mu$ 模型及其相关的改进模型均不能很好地描述土在三轴剪切过程中的应力与应变,尤其对具有应变软化性质的土,模型与试验数据差别很大。

从切线模量的改进着手,文献[158]提出了一种指数模型对土的应力-应变关系进行描述。文献[159]假设切线模量与偏应力服从抛物线关系,提出了描述黏土应力-应变关系的一种表达式,而文献[160]则提出了一种复合指数-双曲线模型。但是,用以上模型的预测结果与土在三轴剪切试验中实测的应力应变相比,仍然存在较大差异。

为了贴近实际工程,并便于应用,尝试着提出一种描述非饱和土应力-应变特性的新非线性模型,用于描述非饱和粉质黏土的力学变形特性[161]。试验采用的土样取自南水北调中线工程安阳段粉质黏土,采用非饱和土三轴仪进行不固结不排水剪切,试验的详细情况见第六章和文献[162]。利用新模型对文献中的非饱和土试验进行模拟,同时对模型进行验证,以期为非饱和土本构模型发展提供有益思路。

7.1　模型的建立

7.1.1　切线模量

图 7.1 是南水北调中线工程安阳段换填粉质黏土的切线模量与轴向应变的关系曲线,通过分析试验数据发现,切线模量随轴向应变的增长呈指数衰减规律,可用式(7.1)描述:

$$E_t = \frac{\partial(\sigma_1 - \sigma_3)}{\partial \varepsilon_a} = E_i[(1 - r_1)\exp(-\beta_1 \varepsilon_a) + r_1] \qquad (7.1)$$

式中,E_t 为切线模量;$(\sigma_1 - \sigma_3)$ 和 ε_a 分别为偏应力和轴向应变;E_i 为初始切线模量(即 $\varepsilon_a = 0$ 时的切线模量),可按文献[40]的方法确定;β_1 为模量衰减指标,β_1 越大,表示切线模量随轴向应变的增长衰减得越快;r_1 定义为切线模量比,$r_1 = E_t(\varepsilon_a \to \infty)/E_i$。

式(7.1)对试验数据的拟合结果示于图 7.1。由图 7.1 可见,式(7.1)的预测结果与试验数据基本一致。

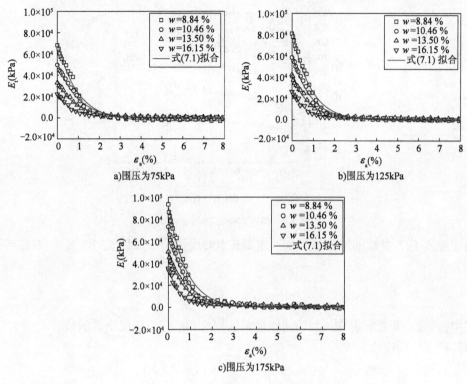

图7.1 切线模量随轴向应变的变化

7.1.2 偏应力-轴向应变关系

对式(7.1)在区间$[0, \varepsilon_a]$上进行积分,可得:

$$\sigma_1 - \sigma_3 = \frac{E_i}{\beta_1} \{ (1 - r_1)[1 - \exp(-\beta_1 \varepsilon_a)] + r_1 \beta_1 \varepsilon_a \} \tag{7.2}$$

试验数据与式(7.2)的拟合效果示于图7.2。由图7.2可知,试样的偏应力-轴向应变曲线的形状受到含水率和围压的影响,具体将在后文进行分析。总的来看,式(7.2)与试验数据基本一致。

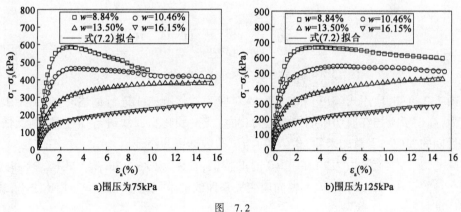

图 7.2

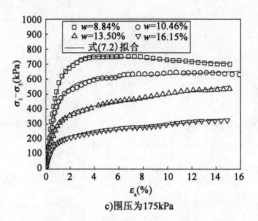

c)围压为175kPa

图7.2　偏应力随轴向应变的变化

描述应力-应变曲线的传统经验模型主要有双曲线模型和指数模型。其中,双曲线模型的表达式为[154]:

$$\sigma_1 - \sigma_3 = \frac{\varepsilon_a}{a + b\varepsilon_a} \tag{7.3}$$

式中,参数 a 和 b 分别表示初始切线模量的倒数和偏应力极限值的倒数。

指数模型的表达式为[159]:

$$\sigma_1 - \sigma_3 = A\left[1 - \exp(-B\varepsilon_a)\right] \tag{7.4}$$

式中,A 和 B 为拟合参数,由试验确定。

分别应用式(7.2)、式(7.3)和式(7.4)对围压为 125kPa 的偏应力-轴向应变数据进行了拟合,结果示于图7.3。

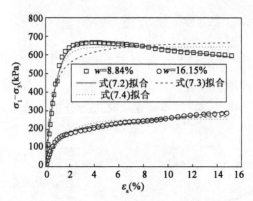

图7.3　不同公式对偏应力-轴向应变数据的拟合效果对比

由图7.3可知,应用式(7.3)和式(7.4)对应变软化型曲线进行描述时,低估了土样的峰值偏应力,高估了土样在剪切后期的偏应力;而对应变硬化型曲线进行描述时,则低估了土样在剪切后期的偏应力。总的来看,式(7.2)与试验数据更为吻合。

实际上,式(7.4)为式(7.2)在 $r_1 = 0$ 时的特例,且 $A = E_i/\beta_1$,$B = \beta_1$。式(7.3)和式(7.4)均存在严格的适用条件,即偏应力-轴向应变关系曲线的末段近似呈水平。相比之下,式(7.2)的适用性更强。

7.1.3 切线泊松比的描述

提出泊松比变化率的概念：

$$\dot{\mu}_t = \frac{\partial \mu_t}{\partial \varepsilon_a} \tag{7.5}$$

式中，$\dot{\mu}_t$ 为切线泊松比随轴向应变的变化率；μ_t 为切线泊松比，$\mu_t = \partial(-\varepsilon_r)/\partial \varepsilon_a$，规定轴向应变和径向应变均以土样压缩为正。

通过试验数据的分析，发现 $\dot{\mu}_t$ 随 ε_a 的增长呈指数衰减规律，可用式(7.6)描述：

$$\dot{\mu}_t = \lambda \exp(-\beta_2 \varepsilon_a) \tag{7.6}$$

式中，λ 为拟合参数，由试验确定；β_2 为泊松比变化率衰减指标，β_2 越大表示 $\dot{\mu}_t$ 随 ε_a 的增大而衰减得越快。

式(7.6)对试验数据的拟合结果示于图7.4。由图7.4可见，式(7.6)与试验数据基本一致。

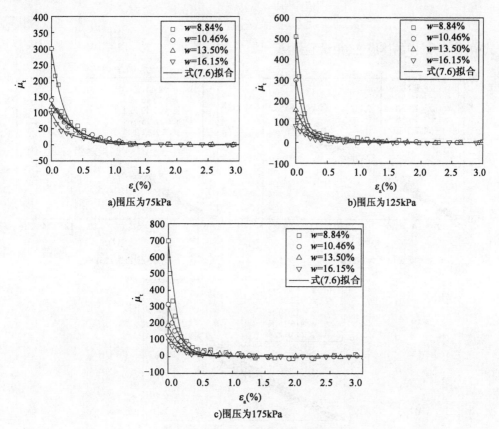

图7.4 泊松比变化率随轴向应变的变化

对式(7.6)在区间$[0, \varepsilon_a]$上进行积分，得：

$$\mu_t = \frac{\lambda}{\beta_2}[1 - \exp(-\beta_2 \varepsilon_a)] + \mu_i \tag{7.7}$$

式中,μ_i 为初始切线泊松比,$\mu_i = \mu_t(\varepsilon_a \to 0)$。

为了确定参数 λ 的含义,令式(7.7)中 $\varepsilon_a \to \infty$,则 $\mu_t(\varepsilon_a \to \infty) = \lambda/\beta_2 + \mu_i$,因此:

$$\lambda = \beta_2[\mu_{tu} - \mu_i] = \beta_2\mu_i(r_2 - 1) \tag{7.8}$$

式中,μ_{tu} 为极限切线泊松比,$\mu_{tu} = \mu_t(\varepsilon_a \to \infty)$;$r_2$ 为极限切线泊松比与初始切线泊松比的比值,$r_2 = \mu_{tu}/\mu_i$。

7.1.4 径向应变-轴向应变关系

将式(7.8)代入式(7.7),并对式(7.7)在区间 $[0, \varepsilon_a]$ 上进行积分,可得:

$$-\varepsilon_r = \frac{\mu_i}{\beta_2}\{(1 - r_2)[1 - \exp(-\beta_2\varepsilon_a)] + r_2\beta_2\varepsilon_a\} \tag{7.9}$$

为检验式(7.9)的合理性,将其对试验数据进行拟合。由图7.5可见,式(7.9)与试验数据基本一致。

需要注意的是,图7.5中的负径向应变 $-\varepsilon_r$ 为体应变换算所得,即:

$$-\varepsilon_r = -(\varepsilon_v - \varepsilon_a)/2 \tag{7.10}$$

式中,ε_v 为试样的体应变,由试验量测。

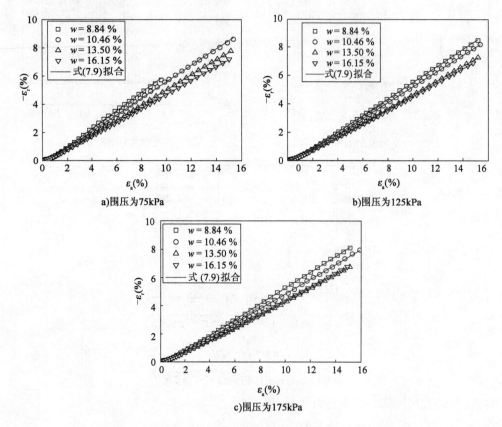

图7.5 负径向应变随轴向应变的变化

由此可见,采用式(7.10)所得的径向应变为沿试样高度的平均径向应变,这与土样在某一高度处的实际径向应变存在差异。

为了实测土样在某一高度处的径向应变,文献[163]采用局部变形图像测量技术,对试样径向应变进行量测。为了说明式(7.9)的合理性及适用性,采用文献[163]中的试验数据进一步验证,结果如图7.6所示。

由图7.6可见,式(7.9)与试验数据吻合良好。同时也说明,当采用式(7.10)的计算方法求径向应变时,径向应变随轴向应变的变化规律,与实测的径向应变与轴向应变的变化规律是一致的,均能用式(7.9)描述。

图7.6 采用文献[163]中粉土的试验数据对式(7.9)进行验证

描述土样在三轴条件下径向应变与轴向应变关系的传统模型为双曲线模型,其表达式为:

$$\varepsilon_a = \frac{-\varepsilon_r}{a + b(-\varepsilon_r)} \tag{7.11}$$

以下采用式(7.9)和式(7.11)对试验数据进行拟合,结果如图7.7所示。

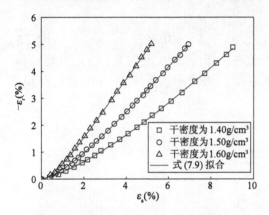

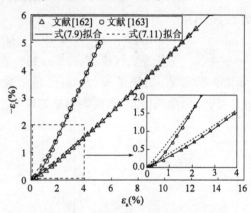

图7.6 采用文献[163]中粉土的试验数据对
式(7.9)进行验证

图7.7 不同公式对负径向应变-轴向应变关系的
拟合效果对比

由图7.7可见,无论径向应变是由式(7.10)换算所得(文献[162]和第5章数据),还是采用局部变形图像测量技术实测(文献[163]数据),式(7.11)均不能很好地描述试验数据,尤其是在曲线初始段,对应于同一轴向应变,计算所得的径向应变偏大。相比之下,式(7.9)与试验数据更为一致。

7.1.5 模型基本表达式

综上所述,通过以上4个方面的分析可知,模型共有4个基本表达式,汇总如下:

$$\left.\begin{aligned}
E_t &= a_1\beta_1\exp(-\beta_1\varepsilon_a) + b_1 \\
\mu_t &= a_2\beta_2[1 - \exp(-\beta_2\varepsilon_a)] + \mu_i \\
\sigma_1 - \sigma_3 &= a_1[1 - \exp(-\beta_1\varepsilon_a)] + b_1\varepsilon_a \\
-\varepsilon_r &= a_2[1 - \exp(-\beta_2\varepsilon_a)] + b_2\varepsilon_a
\end{aligned}\right\} \tag{7.12}$$

式中,$a_1 = E_i(1 - r_1)/\beta_1$,$b_1 = E_i r_1$,$a_2 = \mu_i(1 - r_2)/\beta_2$,$b_2 = \mu_i r_2$。

模型共含有E_i、r_1、β_1、μ_i、r_2、β_2六个参数。由式(7.12)可见,在常规三轴条件下,当模型

参数确定以后,土样的切线模量 E_t、切线泊松比 μ_t、偏应力 $(\sigma_1 - \sigma_3)$ 和径向应变 ε_r 仅与轴向应变 ε_a 有关。

7.2 模型参数的确定及分析

确定模型参数只需进行常规三轴剪切试验,并用式(7.12)对试验数据进行拟合。必须指出,模型参数的具体数值因土样的类别、密实度、含水率(饱和度)、排水条件和应力状态等的不同而存在差异。为说明参数确定方法,并简要分析模型参数的影响因素,采用第五章的数据进行分析。在确定模型参数时,拟合结果的决定系数 R^2 均在 0.95 以上,且残差散点图显示无序,故认为拟合效果较好,得到的参数值可靠。

7.2.1 初始切线模量影响因素分析

初始切线模量 E_i 与含水率 w 和围压 σ_3 的关系如图 7.8 所示。图 7.8 中的数据可用式(7.13)描述:

$$\lg(E_i/p_{atm}) = m + n_1 w + n_2(\sigma_3/p_{atm}), R^2 = 0.9875 \qquad (7.13)$$

式中,p_{atm} 为标准大气压值;$m = 3.338$,表示干土在围压为 0kPa 时的 $\lg(E_i/p_{atm})$ 值;$n_1 = -6.759$,为负值,反映了 $\lg(E_i/p_{atm})$ 值随含水率 w 增长而减小的速率;$n_2 = 0.137$,反映了 $\lg(E_i/P_{atm})$ 值随围压 σ_3 提高而增加的速率。

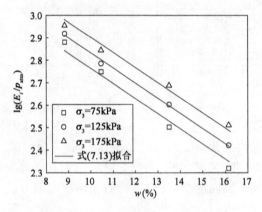

图 7.8　$\lg(E_i/p_{atm})$ 与含水率和围压的关系

7.2.2 模量衰减指标的影响因素分析

模量衰减指标 β_1 与含水率 w 和围压 σ_3 的关系如图 7.9 所示。总的来看,同一围压下,当含水率接近最优含水率(12.32%)时,β_1 达到最小值。这是因为,当土样处于最优含水率时,土颗粒之间结合得比较紧密,土样的模量衰减较慢。另一方面,β_1 随围压的变化尚无明确的规律,其原因可能是试验围压的差别较小,围压的水平较低,有待今后进一步研究。

7.2.3 切线模量比影响因素分析

如前所述,β_1 反映了切线模量衰减的快慢,而参数 r_1 则反映切线模量衰减的比例。切线

模量比 r_1 与含水率 w 和围压 σ_3 的关系如图 7.10 所示。总的来看,围压和含水率越大,r_1 越大。这是因为高围压对试样的径向变形起到约束作用,而含水率升高时土颗粒之间的润滑作用增强,相对移动较为容易。这两种作用均使土样较为密实,切线模量衰减较少,从而使得 r_1 较大。应当说明,由 $r_1 = E_t(\varepsilon_a \to \infty)/E_i$ 可知,图 7.10 中 r_1 为负值时是反映应变软化的,这是新模型的一个突出优点。

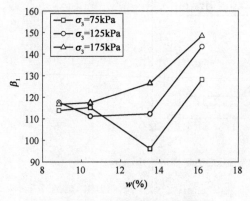

图 7.9 β_1 与含水率和围压的关系

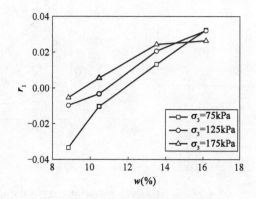

图 7.10 r_1 与含水率和围压的关系

7.2.4 初始切线泊松比影响因素分析

初始切线泊松比 μ_i 与含水率和围压的关系示于图 7.11。同一围压下,μ_i 在最优含水率附近达到最大值。另一方面,μ_i 随着围压的提高未见有明显的变化规律。

7.2.5 泊松比变化率衰减指标影响因素分析

泊松比变化率衰减指标 β_2 与含水率和围压的关系见图 7.12。含水率相同时,β_2 随围压的增大而减小,说明切线泊松比在高围压的约束下增长较慢。而同一围压下,β_2 在最优含水率附近达到最小值,说明在该含水率下,切线泊松比的增长速度较慢。

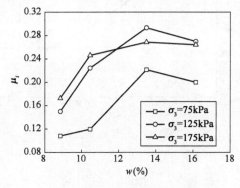

图 7.11 μ_i 与含水率和围压的关系

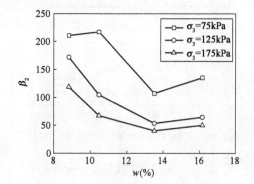

图 7.12 β_2 与含水率和围压的关系

7.2.6 极限切线泊松比与初始切线泊松比的比值影响因素分析

如前所述,r_2 表示极限切线泊松比与初始切线泊松比的比值。所以 r_2 越大,表示土样从剪切开始到结束时切线泊松比增长越多,即试样的剪胀性越强;反之,r_2 越小表示不易剪胀。如图 7.13 所示,同一围压下,r_2 在最优含水率附近达到最小值。另一方面,r_2 随着围压的提高而减小,这是由于高围压约束了土样的径向变形,使土样不易剪胀。

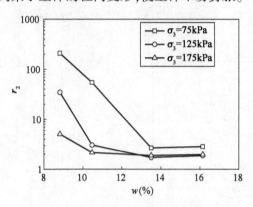

图 7.13　r_2 与含水率和围压的关系

7.2.7　切线模量的衰减与屈服的联系

对试验数据的分析发现,试样切线模量的衰减速率与试样屈服的快慢有关。描述试样屈服有多种方法[36,70],本文参考文献[70]中采用的办法对试样屈服时的轴向应变 ε_{ay} 进行确定,方法见图 7.14。图 7.14 中,ε_{ay} 和 q_y 分别为土样屈服时的轴向应变和偏应力;ε_{au} 和 q_u 分别为试验终了时土样的轴向应变和偏应力。

确定 ε_{ay} 以后,将其与相应的 β_1 值绘于图中。如图 7.15 所示,β_1 随着 ε_{ay} 的增加而单调减少,二者的关系可以近似用 $\beta_1 = 1/\varepsilon_{ay}$ 来描述。

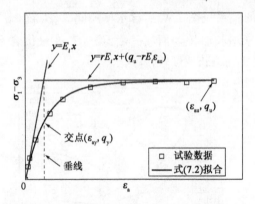

图 7.14　确定试样屈服时轴向应变和偏应力的方法

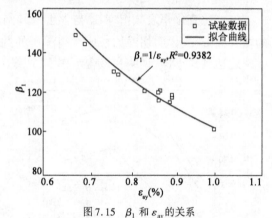

图 7.15　β_1 和 ε_{ay} 的关系

7.2.8　模型性状的进一步分析

由图 7.2 和图 7.5 可知,当土样含水率和围压均较低时,其偏应力-轴向应变曲线呈软化型(图 7.2),与此对应,负径向应变-轴向应变曲线的位置则较高,且其直线段较陡(图 7.5)。

首先,根据 r_1 的定义,当 $r_1 < 0$ 时,偏应力-轴向应变曲线呈软化型;反之,当 $r_1 > 0$ 时,呈硬化型。如前文所述,μ_{tu} 表示极限切线泊松比,$\mu_{tu} = r_2\mu_i$。r_1 与 μ_{tu} 的关系如图 7.16 所示。

由图 7.16 可知, r_1 随 μ_{tu} 的增大近似呈线性减小, 即随着极限切线泊松比增长, 土样的偏应力-轴向应变曲线将从硬化型转变为软化型。

部分试样的极限切线泊松比超过了 0.5, 这是由试样剪胀所致, 解释如下:

首先将式(7.10)的两边对 ε_a 求导, 则有:

$$\mu_t = \frac{\partial(-\varepsilon_r)}{\partial \varepsilon_a} = \frac{1}{2}\left[-\frac{\partial \varepsilon_v}{\partial \varepsilon_a} + 1\right] \quad (7.14)$$

即:

$$2(\mu_t - 0.5) = -\frac{\partial \varepsilon_v}{\partial \varepsilon_a} \quad (7.15)$$

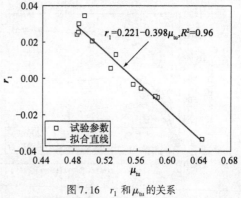

图 7.16　r_1 和 μ_{tu} 的关系

由式(7.15)可见, 当 $\mu_t > 0.5$ 时, $\partial \varepsilon_v / \partial \varepsilon_a < 0$, 即切线泊松比大于 0.5 时, 土样的体应变随着轴向应变的增大而出现负增长, 即土样发生剪胀。

7.3　新非线性模型的应用

本节应用所提模型对文献中的非饱和土试验进行模拟, 同时对模型进行验证。

7.3.1　非饱和土三轴固结排水剪切试验的应力-应变模拟

试验数据来源于文献[164], 试样为花岗岩风化残积土, 干密度为 $1.70\mathrm{g/cm^3}$, 初始含水率为 11.6%, 基质吸力为 50kPa, 试验手段为常规三轴。应用本文模型对试验数据的拟合效果见图 7.17, 由图 7.17 可知, 模型与试验数据基本一致。模型参数值见表 7.1。

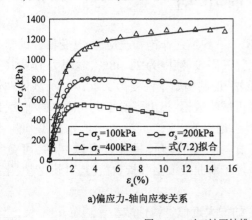

a)偏应力-轴向应变关系

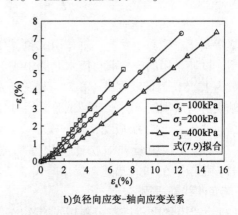

b)负径向应变-轴向应变关系

图 7.17　对三轴固结排水剪切试验数据的描述

7.3.2　非饱和土固结不排水剪切应力-应变模拟

试验数据来自文献[164], 试样初始参数、试验手段同 5.1 节。应用本书模型对试验数据的拟合效果见图 7.18, 由图 7.18 可知, 模型与试验数据基本一致。模型参数值汇总于表 7.1。需要指出, 本文模型的提出是基于三轴加载试验, 模型对三轴卸载情况的适用性还有待考证。

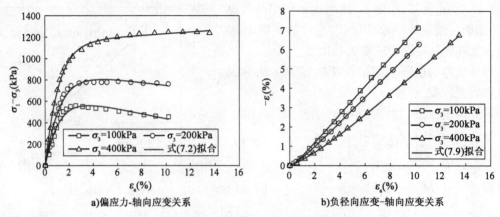

a)偏应力-轴向应变关系　　　　　　　　　　b)负径向应变-轴向应变关系

图7.18　对三轴固结不排水剪切试验数据的描述

采用文献[164]中数据对模型进行验证的结果　　　　　　　　表7.1

试 验 条 件	σ_3(kPa)	E_i(MPa)	β_1	r_1	μ_i	β_2	r_2	R^2
固结排水剪	100	62.24	99.11	−0.034	0.100	220.25	7.80	0.98
	200	86.24	100.75	−0.011	0.148	165.37	4.21	0.99
	400	117.62	103.19	0.011	0.191	48.54	2.75	0.99
固结不排水剪	100	56.99	88.40	−0.041	0.139	216.57	5.25	0.97
	200	71.79	82.44	−0.020	0.256	113.09	2.53	0.98
	400	104.52	89.93	0.008	0.244	41.28	2.27	0.99

7.4　本 章 小 结

本章基于非饱和土常规三轴剪切试验,提出了一种描述非饱和土应力-应变特性的新非线性模型。试验采用的土样取自南水北调中线工程安阳段,液限为28.48%,塑限为14.97%,塑性指数为13.51,为低液限黏土。对土样进行重塑,控制初始干密度为1.80g/cm³,采用非饱和土三轴仪进行不固结不排水剪切试验。通过分析试验数据,提出了泊松比变化率的概念,以及一种描述非饱和土应力-应变特性的模型。主要结论如下:

(1)发现切线模量和泊松比变化率均随轴向应变的增长呈指数衰减规律,可分别用式(7.1)和式(7.6)进行描述。提出的式(7.2)优于双曲线模型和指数模型,对硬化、软化型的应力-应变曲线都适用。

(2)切线模量比 r_1 随着极限切线泊松比 μ_{tu} 的增大近似呈线性减小。随着 μ_{tu} 增长,土样的剪胀导致其偏应力-轴向应变曲线从硬化型转变为软化型。

(3)切线模量的衰减与土样的屈服有关,切线模量衰减指标 β_1 与试样屈服时的轴向应变 ε_{ay} 近似呈倒数关系。

(4)提出的模型能用于描述常规三轴条件下非饱和土的应力-应变特性,包括非饱和土的固结排水试验、固结不排水试验和不固结不排水试验。模拟结果与试验数据有较好的吻合度,从而验证了模型对试验数据的合理性和适用性。

第8章 渠坡滑塌机理及设计方案改进探讨

2010 年,南水北调中线工程安阳段持续强降雨,导致安阳段引水渠坡地下水位急剧上涨,沿线渠坡发生大规模失稳。2010 年 8 月至 9 月短暂 16 天内,安阳段共有 2946m 渠坡发生滑塌,造成重大损失。安阳段引水渠坡地处膨胀岩地区,渠坡和渠底分别换填1.4m 和1.0m厚的粉质黏土,连续强降雨使换填粉质黏土从非饱和状态变为饱和状态,最终沿岩土交界面滑塌。为了有效避免类似灾害的发生,有必要结合对渠坡现场水文地质的调查,查明渠坡的失稳原因,提出相应的对策,为今后类似的渠坡工程的设计提供科学依据。本章以室内试验数据和现场调查资料为基础,借助 GeoStudio 软件进行了渠坡渗流场和稳定性的计算分析,并在此基础上提出了渠坡的设计改进方案。

8.1 现场水文地质情况调查

8.1.1 降雨量

2010 年 7 月开始,安阳多次出现强降雨和持续降雨,据安阳气象局提供的资料显示,安阳市区 7 月降雨量为 116.9mm,8 月降雨量为 198.4mm,仅在 8 月 19 日一天,降雨量就达到110.5mm,约为全年平均降雨量的 1/5。

8.1.2 地下水水位

渠道附近水井 8 月水位部分测量数据见表 8.1。其中,1 号水井位于渠道西侧 100m 处,2号水井位于渠道东侧 100m 处。而 2010 年 6 月,2 号水井水位很低,井内潜水泵距井口约 30m(高程约为62.7m),经常发生抽不出水的现象。而 7 月和 8 月的连续降雨,导致了地下水水位的急剧升高。

从表 8.1 可知:1 号和 2 号水井水位高程均高于渠道底板(衬砌后)高程(87.0m);1 号水井水位在 22 日至 31 日呈平稳上升趋势,从 89.900m 上升至 91.101m,水位升高幅度为 1.2m;2 号水井水位在 22 日至 31 日呈上下浮动状,从 89.400m 高程下降至 87.633m,又回升至89.245m,总体水位下降0.15m。

渠道附近水井水位的测量数据 表 8.1

观察日期	22 日	23 日	24 日	25 日	26 日	27 日	28 日	29 日	30 日	31 日
1 号水井高程(m)	89.900	90.339	90.559	90.529	90.859	90.926	90.777	90.857	90.976	91.101
2 号水井高程(m)	89.400	88.123	87.633	87.926	88.69	88.65	88.407	88.833	89.101	89.245

8.1.3 坡面水位

通过在现场选定几个截面,开挖至换填土下部岩土结合面,均发现岩体内部有向外冒水现象。对冒水点的桩号及高程进行测量,测量结果见表8.2。

渠坡最高处渗水点的测量数据

表8.2

部位(桩号)	AY+362	AY+195	AY+312	AY+379	AY+475	AY+944
观测日期	8月24日	8月26日	8月26日	8月27日	8月28日	8月29日
最高渗水点高程(m)	89.230	88.981	89.351	89.810	88.400	88.617
渠底高程(m)	86.996	86.931	86.927	86.996	86.992	87.011
高差(m)	2.234	2.050	2.424	2.814	1.408	1.601

注:坡面水位线大致位于沿坡面以下12~16m处,与衬砌面板及土体裂缝位置相符。

8.1.4 现场地形、地貌和地质情况

失稳渠段属软岩丘陵岗地地貌单元,总体地势为西高东低,总干渠西侧地面高程97~104m,东侧地面高程84~95m,地形略有起伏,附近无自然沟道发育。该段地层为土岩双层结构,上层为第四系上更新统中重粉质壤土,下部为上第三系鹤壁组软岩,该段地层自上而下描述如下:第一层为重粉质壤土,褐色、黄色,可塑状,厚度0.5~1.0m;第二层为泥灰岩,分两层,上部为棕黄、灰白,下部为灰白色夹杂浅灰绿色,上部成岩较差,较破碎,节理裂隙发育,下部相对成岩较好,局部相变为泥砂岩。本段泥灰岩自由膨胀率41%~58%,具弱膨胀潜势。该段泥灰岩裂隙、岩溶发育很不均一,透水性差异很大,透水率0.65~53Lu。据当地村民介绍,在农田灌溉浇水时,浇水后第2天东侧的渠内出现冒水现象。

8.2 渠坡滑塌机理分析

本节利用GeoStudio软件中的SLOPE/W模块进行渠坡稳定性的计算。SLOPE/W模块的优点是能综合考虑基质吸力、黏聚力、内摩擦角等材料参数,以及地下水水位的变化、孔隙水压力分布情况对渠坡稳定性的影响。

8.2.1 模型的建立与计算

按照渠坡的实际比例,坡面长20.2m,坡比为1:2,渠坡换填土厚1.4m(垂直于边坡),渠底换填土厚1m,由于渠坡纵向很长,故假定渠坡稳定问题是个平面应变问题。渠坡的计算断面见图8.1。

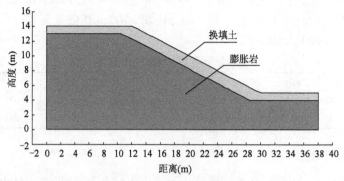

图8.1 渠坡的计算断面

（1）条分法的选择

由于摩根斯坦-普赖斯法同时满足条块的力平衡和力矩平衡,故用此法进行计算,函数类型为半正弦函数。

（2）材料参数

参考渠坡设计参数,换填土的饱和重度、有效内摩擦角、有效黏聚力的取值见第5章。膨胀岩饱和重度取值见第4章4.2.2节,为三个试样饱和重度的平均值。膨胀岩有效黏聚力和有效内摩擦角的取值参考《岩石力学参数手册》[165],具体取值见表8.3。

确定有效黏聚力随基质吸力上升的速率(即φ_b)有两种方法:方法一是通过控制吸力的三轴剪切试验(见第5章第5.2.2节)或直接剪切试验得到;方法二是利用土-水特征曲线按下式来估计[166]:

$$\varphi_b = \tan\varphi' \frac{\theta - \theta_r}{\theta_s - \theta_r} \tag{8.1}$$

式中:φ'——有效内摩擦角,可视为常数;

θ——不同吸力下的体积含水率;

θ_r——残余体积含水率,可取5%[166];

θ_s——饱和体积含水率。

实际上,φ_b是随基质吸力呈非线性变化的(见第5章第5.2.2小节)。当基质吸力较小时,φ_b较大;而当基质吸力较大时,φ_b较小。考虑工程实际情况,本章取基质吸力在200kPa范围内φ_b的平均值作为φ_b的取值。用两种方法确定的换填土和膨胀岩的φ_b值见表8.3,考虑到室内试验数据与现场实际的差异,材料参数的取值见表8.4。

φ_b的取值   表8.3

材料名称	φ_b(°)	
	方法一	方法二
换填土	27.78	28.49
膨胀岩	—	23.51

用于稳定性计算的材料参数   表8.4

材料名称	强度准则	饱和重度 (kN/m³)	有效内摩擦角(°)	有效黏聚力(kPa)	φ_b (°)
换填土	M-C	21.38	25	6.5	25
膨胀岩	M-C	22.19	30	25	20

（3）孔隙水压力线的指定

由于在稳定性分析中采用有效强度指标,故需计算相应的孔隙水压力。在 SLOPE/W 中,确定孔隙水压力可以通过绘出压力线来定义,但这种方法只适合稳态分析,不能考虑孔隙水压力随时间的变化。为得到较为准确的孔隙水压分布情况,采取第二种办法,即采用渗流场单元节点总水头值定义孔隙水压力,而渗流场通过 GeoStudio 软件的 SEEP/W 模块来进行有限元计算,计算步骤如下。

步骤一:材料参数的确定。对于换填土,土-水特征曲线、饱和渗透系数和非饱和渗透系数的取值分别见第 4 章;对于膨胀岩,由于膨胀岩室内试验所得渗透系数较小(最大为 7.73×10^{-10} m/s),所以参考现场测试数据($6.5 \times 10^{-8} \sim 5.3 \times 10^{-6}$ m/s)予以适当放大,取 6.5×10^{-7} m/s。另外,考虑到膨胀岩内部裂隙发育,孔隙较多,故不考虑基质吸力对其渗透系数的影响。

步骤二:分析类型、网格划分和边界条件。由于地下水水位是随时间变化的,故选用瞬态分析。时间步共设 60 步,两步之间的时间跨度为 86400s(即 1d)。网格划分和边界条件的设置分别见图 8.2 和图 8.3。

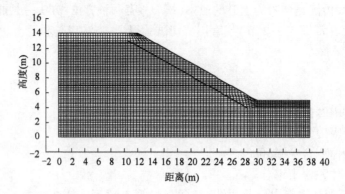

图 8.2　网格划分

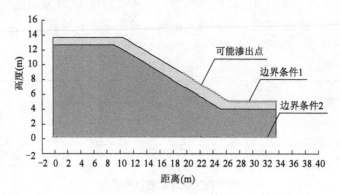

图 8.3　边界条件

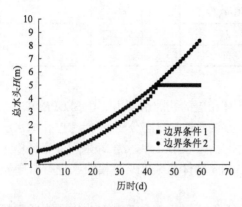

图 8.4　总水头随时间的变化

边界条件 1 和边界条件 2 的位置见图 8.3。根据 8.1.2 小节中地下水水位观测资料,可以拟合出边界 1 和边界 2 的总水头随时间的变化关系,如图 8.4 所示。图 8.4 中,总水头 $H = u/\gamma_w + z$,u 为孔隙水压力,γ_w 为水的重度,z 为某点高度。

为了便于分析,将高度为零的平面(即图 8.3 中边界条件 2 对应的平面)定义为基准面。

(4)面板荷载的折算

参考渠坡设计资料,衬砌混凝土面板厚度渠坡为 10cm、渠坡为 8cm。衬砌混凝土面板下铺复合土工膜加强防渗,防渗层下面依次铺设 2cm 厚聚苯乙烯保温板和 5cm 厚粗砂。混凝土重度为 $25kN/m^3$，保温板和粗砂重度按 $18kN/m^3$ 估算，计算得到坡底线荷载为 $3.26kN/m$，坡面线荷载为 $4.20kN/m$，设置如图 8.5 所示。

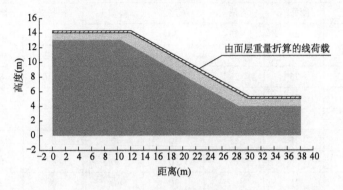

图 8.5　面板荷载的折算

（5）剪入口和剪出口范围的指定

由于使用圆心网格和半径搜索方法很难观察搜索滑面的范围，故采用指定搜索滑面可能的入口和出口的办法（图 8.6）。同时，选择了"优化滑面"选项，优化技术能够将按传统方法计算所得的滑弧分成很多小段，同时在每小段附近搜索安全系数更小的点，从而得到比较符合实际的滑弧形式及安全系数。

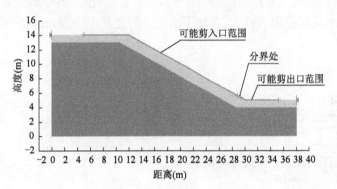

图 8.6　剪入口与剪出口的指定

由于膨胀岩的膨胀变形很小（无荷膨胀率最大为 3.88%），属于微膨胀岩。故在进行稳定性分析时，忽略其膨胀变形的影响；另一方面，由于渠坡滑塌之前，其表面铺有一层防渗的复合土工膜，因此降雨对渠坡的影响是通过水分入渗引起地下水水位升高产生的，在分析渠坡稳定性时，不考虑降雨对坡面冲刷的直接影响。

为了分析地下水水位上涨、换填土和膨胀岩的强度指标和渗透系数对渠坡稳定性的影响，本节对 10 个工况（表 8.5）进行了计算。表中，c、φ、k 和 φ_b 分别为饱和换填土和膨胀岩的有效黏聚力、有效内摩擦角、饱和渗透系数和有效黏聚力随基质吸力上升的速率。以工况 1 为参照，工况 2、3 考虑了 φ_b 对换填土和膨胀岩的影响，工况 4、5 考虑了换填土渗透系数的影响，工况 6、7 考虑了膨胀岩饱和渗透系数的影响，工况 8、9 考虑了换填土有效内摩擦角的影响。其中，工况 3 为渠坡实际情况的反映。而之所以用工况 1 作为参照，是因为在大多数边坡工程设计中，并未考虑基质吸力对稳定性的贡献。

不同工况下的材料参数 表8.5

工 况	$c(\text{kPa})$		$\varphi(°)$		$\varphi_b(°)$		$k(\times 10^{-9}\text{m/s})$	
	换填土	膨胀岩	换填土	膨胀岩	换填土	膨胀岩	换填土	膨胀岩
1	6.5	25	25	30	0	0	8.60	650
2	6.5	25	25	30	13.1	10.3	8.60	650
3	6.5	25	25	30	25	20	8.60	650
4	6.5	25	25	30	0	0	86	650
5	6.5	25	25	30	0	0	860	650
6	6.5	25	25	30	0	0	8.60	65
7	6.5	25	25	30	0	0	8.60	6.5
8	6.5	25	29.23	30	0	0	8.60	650
9	6.5	25	31.23	30	0	0	8.60	650

8.2.2 计算结果分析

不同工况下地下水水位随时间的变化情况见图8.7。工况1~5、8、9中[图8.7a)、b)]，地下水水位的高度与基准面总水头的数值（图8.4）大致相等；工况6、7（降低膨胀岩的渗透系数）下，地下水水位的高度[图8.7c)、d)]小于基准面总水头的数值（图8.4），这是因为膨胀岩渗透系数较小时，水流所受阻力较大，在地下水上涨的过程中，总水头损失较多。

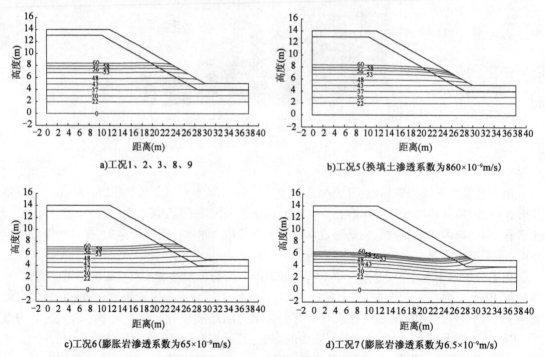

a)工况1、2、3、8、9

b)工况5(换填土渗透系数为860×10⁻⁹m/s)

c)工况6(膨胀岩渗透系数为65×10⁻⁹m/s)

d)工况7(膨胀岩渗透系数为6.5×10⁻⁹m/s)

图8.7 各种工况下地下水水位随时间的变化情况

各种工况下渠坡安全系数的计算结果见表8.6。根据表8.6中的数据，各种工况下渠坡的安全系数随基准面总水头的变化情况绘于图8.8。

不同工况下渠坡的安全系数　　　　　　表8.6

基准面总水头(m)		0	1.98	3.01	4.04	5.00	5.98	7.00	7.67	8.13	8.57
时间(d)		0	22	30	37	43	48	53	56	58	60
安全系数	工况1	1.566	1.566	1.566	1.566	1.566	1.432	1.318	1.188	1.067	0.927
	工况2	2.762	2.733	2.662	2.267	2.036	1.770	1.424	1.211	1.067	0.928
	工况3	3.134	3.066	2.928	2.778	2.608	1.969	1.472	1.226	1.072	0.929
	工况4	1.560	1.560	1.560	1.560	1.560	1.444	1.363	1.246	1.159	1.063
	工况5	1.560	1.560	1.560	1.560	1.560	1.457	1.407	1.373	1.321	1.306
	工况6	1.560	1.560	1.560	1.560	1.560	1.461	1.403	1.314	1.230	1.139
	工况7	1.560	1.560	1.560	1.560	1.560	1.560	1.560	1.548	1.467	1.424
	工况8	1.750	1.750	1.750	1.750	1.747	1.605	1.496	1.316	1.171	0.994
	工况9	1.852	1.852	1.852	1.852	1.847	1.697	1.580	1.379	1.221	1.047

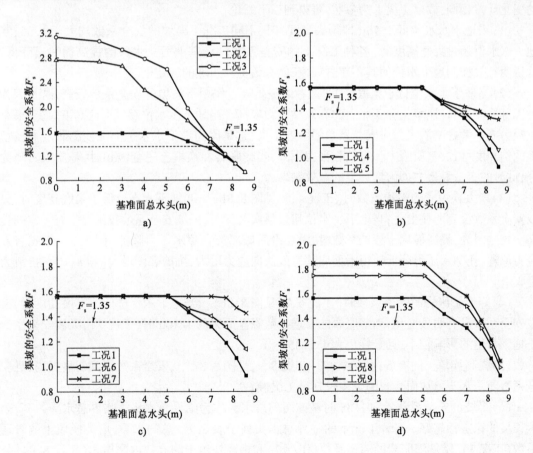

图　8.8

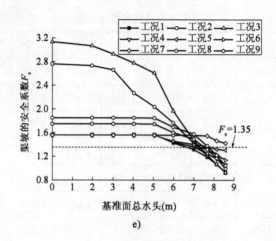

e)

图 8.8　各种工况下安全系数随基准面总水头的变化曲线

图 8.8 是各种工况下安全系数随基准面总水头的变化曲线。由图 8.8 可知,渠坡的安全系数随基准面总水头的提高(地下水水位的上涨)而降低。根据《建筑边坡工程技术规范》(GB 50330—2013),该渠坡在设计时安全系数应不小于 1.35[167]。由于基准面总水头随时间的变化规律相同,故以工况 1 为参照,可得到以下结论:

(1)当地下水水位低于 5m(即渠底高度)时,不同工况下渠坡的安全系数均大于 1.35;当地下水水位超过渠底高度时,各种工况下的安全系数均随基准面总水头的提高而快速降低。这说明有效控制地下水位使其不超过渠底,能有效提高边坡的稳定性。

(2)当地下水水位低于渠底高度时,考虑基质吸力作用下渠坡的安全系数较高,这是因为考虑基质吸力时,换填土和膨胀岩的有效黏聚力较高。当地下水水位超过渠底高度时,考虑基质吸力或不考虑基质吸力对安全系数的影响不大,这是因为地下水水位上涨使膨胀岩和换填土的饱和度增加,基质吸力和有效黏聚力下降,当膨胀岩和换填土完全饱和时,基质吸力降为零,此时的有效黏聚力即为饱和土的有效黏聚力。

(3)增大换填土的渗透系数时[工况 4、5,见图 8.8b)],当地下水水位低于渠底高度时,渠坡安全系数没有明显变化;当地下水水位超过渠底高度时,渠坡安全系数较工况 1 有一定的提高。这是因为,提高换填土渗透系数时,潜在滑面底部的孔隙水压力降低[图 8.9],根据有效应力原理,孔隙水压力降低使得滑面底部有效法向应力增大,抗剪强度增大[图 8.10],抗滑力增大。

(4)降低膨胀岩的渗透系数时[工况 6、7,见图 8.8c)],当地下水水位低于渠底高度时,渠坡安全系数没有明显变化;当膨胀岩的渗透系数降至原来的 1/100 时(工况 7),渠坡安全系数受地下水位的影响较小,且最终仍大于 1.35。

(5)提高换填土的有效内摩擦角时[工况 8、9,见图 8.8d)],安全系数得到明显提高,且安全系数随总水头增加而衰减的速度较其余工况慢。

(6)渠坡的安全系数降到 1.35 时基准面的总水头称为临界总水头。临界总水头越高,表示渠坡的稳定性越好。各种工况下的临界总水头列于表 8.7。总的来看,增大换填土的渗透系数(工况 5),降低膨胀岩的渗透系数(工况 7)和提高换填土的有效内摩擦角(工况 8、9),临界总水头相比工况 1 下均有明显提高。

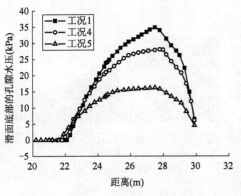

图 8.9　滑面底部不同距离处的孔隙水压力

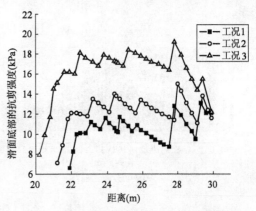

图 8.10　滑面底部不同距离处条块的抗剪强度

各种工况下的临界总水头　　　　　　　　　　　　　表 8.7

工况	1	2	3	4	5	6	7	8	9
临界总水头(m)	6.67	7.22	7.33	7.05	7.82	7.37	>8.57	7.60	7.77

综上所述,渠坡滑塌的机理可归结如下:干湿循环导致膨胀岩裂隙发育,持水性降低,渗透性增强,当地下水水位上涨时,膨胀岩不能有效阻止水分的运移;随着地下水水位上涨,换填土和膨胀岩饱和度的增加,基质吸力下降,抗剪强度降低,抗滑力减小;当地下水水位超过渠底高度时,地下水水位的上涨导致潜在滑面底部的孔隙水压力提高,抗剪强度降低,抗滑力减小,引起渠坡滑塌。各种工况下渠坡的滑面形式和相应的安全系数见图 8.11。

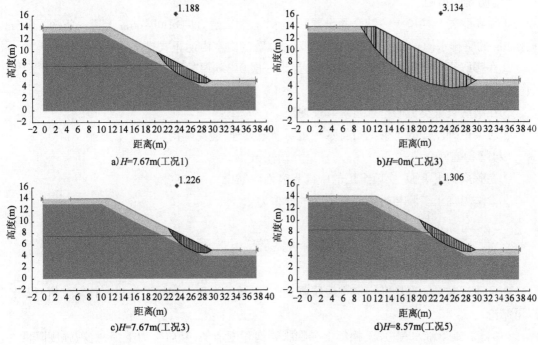

图　8.11

141

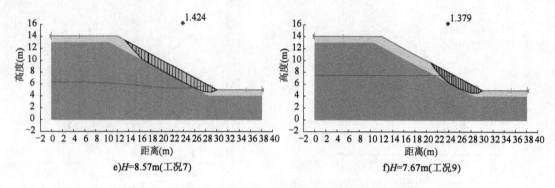

e)H=8.57m(工况7)　　　　　　　　　　f)H=7.67m(工况9)

图8.11　各种工况下的滑面形式与安全系数

8.3　对渠坡设计方案的改进建议

由以上分析可知,有效控制渠坡的地下水水位、考虑基质吸力对抗剪强度的贡献、增大换填土的渗透系数、降低膨胀岩的渗透系数及提高换填土有效内摩擦角均能提高渠坡的安全系数,而增大换填土的渗透系数、降低膨胀岩的渗透系数和提高换填土的有效内摩擦角,临界总水头均有明显提高。考虑到膨胀岩分布广、内部结构松散、裂隙较多,降低膨胀岩的渗透系数难以实现,而如果采用降低换填土的干密度以增大其渗透系数的方法,换填土的压实度又达不到要求,因此本章建议采用以下方法对渠坡进行改进设计。

（1）防排水措施

①在膨胀岩与换填土的结合面设置暗排水沟,顺渠道方向每间隔6m设置一条沟深0.5m、宽0.5m的暗排水沟。沟内用粗砂或砂卵石回填,沟内水由逆止式排水器从渠底排出。

②在膨胀岩与换填土的结合面之间,铺设一层0.3m厚的砂层,颗粒尺寸从下往上逐渐变细,起排水和反滤作用。

③在渠底设置类似的排水盲沟和反滤层。

④对渠道外左侧的干砌毛石排水沟进行灌浆处理,避免降雨时水分下渗。

（2）增稳措施

①在砂层的上下面、换填土层的中部和表面各铺设一层加筋网。

②设法增加土工膜与衬砌面板之间的摩擦力。

8.4　本　章　小　结

本章通过对渠坡现场进行水文地质调查,对渠坡的渗流场和稳定性进行计算分析,得出了以下结论:

（1）随着地下水水位上涨,换填土和膨胀岩饱和度增加,基质吸力下降,抗剪强度降低,抗滑力减小;当地下水水位超过渠底高度时,地下水水位的上涨导致潜在滑面底部的孔隙水压力提高,抗剪强度降低,抗滑力减小,引起渠坡滑塌。

(2)有效控制渠坡的地下水水位及提高换填土有效内摩擦角均能提高渠坡的安全系数。

(3)建议渠坡改进设计时加强防排水措施,并辅以支挡增稳措施,提出了在膨胀岩与换填土的结合面设置排水盲沟等防排水措施,以及在换填土中部铺设加筋网等增稳措施。

参 考 文 献

[1] 刘特洪. 工程建设中膨胀土问题[M]. 北京:中国建筑工业出版社,1997.

[2] 廖世文,曲永新,朱永林. 全国首届膨胀土科学研讨会论文集[M]. 成都:西南交通大学出版社,1990.

[3] 李生林. 中国膨胀土工程地质研究[M]. 南京:江苏科学技术出版社,1992.

[4] 孔德坊,等. 裂隙性黏土[M]. 北京:地质出版社,1994.

[5] 廖世文. 膨胀土与铁路工程[M]. 北京:中国铁道出版社,1984.

[6] Fredlund D G,Rahardjo. 非饱和土土力学[M]. 陈仲颐,等译. 北京:中国建筑工业出版,1997.

[7] 包承纲. 膨胀土裂隙性研究[C]//膨胀土处治理论、技术与实践[A]. 北京:人民交通出版社,2004.

[8] 谭罗荣,孔令伟. 特殊岩土工程土质学[M]. 北京:科学出版社,2006.

[9] 高国瑞. 近代土质学[M]. 南京:东南大学出版社,1990.

[10] Grime RE. Clay Mineralogy[M]. McgrawHill,New York,1976.

[11] 包承纲. 非饱和土的性状及膨胀土边坡稳定问题[J]. 岩土工程学报,2004,26(1):1-15.

[12] Bao C G,Ng C W W. Some Thoughts and Studies on the prediction of slope stability in expansive soils(Key-notelecture)[R]. SingaPore,2000. 15-31.

[13] ZHAN Liangtong. Field and Laboratory Study of an Unsaturated Expansive soil,Associated with Rain-indueed Slope Instability[D]. HongKong:The Hong Kong University of Science and Technology(HKUST),2003.

[14] 缪林昌. 非饱和膨胀土的变形与强度特性研究[D]. 南京:河海大学,1999.

[15] 徐永福. 非饱和膨胀土的结构模型和力学性质的研究[D]. 南京:河海大学,1995.

[16] 徐永福,刘松玉. 非饱和土强度理论及其工程应用[M]. 南京:东南大学出版社,1999.

[17] 易顺民,黎志恒,张延中. 膨胀土裂隙结构的分形特征及其意义[J]. 岩土工程学报,1999,21(3):294-298.

[18] 袁俊平. 非饱和膨胀土的裂隙概化模型与边坡稳定分析[D]. 南京:河海大学,2003.

[19] 姚海林,杨洋,程平,等. 标准吸湿含水率对膨胀土进行分类的理论与实践[J]. 中国科学E辑,2005,35(1):43-52.

[20] 杨更社,张长庆. 岩体损伤及检测[M]. 西安:陕西科学技术出版社,1998.

[21] 葛修润,任建喜,蒲毅彬,等. 岩石细观损伤演化规律的CT实时试验研究[J]. 中国科学E辑,2000,30(2):104-111.

[22] 葛修润,任建喜,蒲毅彬. 煤岩三轴细观损伤演化规律的CT动态试验[J]. 岩石力学与工程学报,1999,18(5):497-502.

[23] 蒲毅彬,陈万业,廖全荣.陇东黄土湿陷过程的 CT 结构变化研究[J].岩土工程学报, 2000,22(1):49-54.

[24] 卢再华.非饱和膨胀土的弹塑性损伤本构模型及其在土坡多场耦合分析中的应用[D]. 重庆:后勤工程学院,2001.

[25] 卢再华,陈正汉,蒲毅彬,等.膨胀土干湿循环胀缩裂隙演化的 CT 试验研究[J].岩土力 学,2002,23(4):417-422.

[26] 魏学温.膨胀土的湿胀变形与结构损伤演化特性的研究[D].重庆:后勤工程学院,2006.

[27] 雷胜友,许瑛,等.原状膨胀土三轴浸水过程的细观分析[J].兰州理工大学学报,2005, 31(1):119-112.

[28] 龚壁卫,周小文,周武华.干-湿循环过程中吸力与强度关系研究[J].岩土工程学报, 2006,28(2):206-209.

[29] 王国利,陈生水,徐光明.干湿循环下膨胀土边坡稳定性的离心模型试验[J].水利水运 工程学报,2005,4(12):6-10.

[30] 刘义虎,杨果林,黄向京.干湿循环作用下水对膨胀土路基破坏机理的试验研究[J].中 外公路,2006,26(3):30-35.

[31] 陈铁林,邓刚,陈生水,等.裂隙对非饱和土边坡稳定性的影响[J].岩土工程学报,2006, 28(2):210-215.

[32] 刘祖德,王园.膨胀土浸水三向变形研究[J].武汉水利电力大学学报,1994,27(6): 616-621.

[33] 李振,邢义川,张爱军.膨胀土的浸水变形特性[J].水利学报,2005,11(11):1385-1389.

[34] 徐永福.膨胀土的浸水规律[J].河海大学学报,1998,9(5):66-70.

[35] Gens A,Alonso E E. A framework for the behaviour of unsaturated expansive clays [J]. Canadian Geotechnique Journal,1992,29:1013-1032.

[36] Alonso E E,Gens A,Josa A. A Constitutive model for partially saturated soils [J]. Geotechnique,1990,40(3):405-430.

[37] Alonso E E,Vaunat J,Gens A. Modelling the mechanical behaviour of expansive clays [J]. Engineering Geology,1999,54(1-2):173-183.

[38] 曹雪山.非饱和膨胀土的弹塑性本构模型研究[C]//膨胀土处治理论、技术与实践[A]. 北京:人民交通出版社.

[39] 谢云,陈正汉,李刚.考虑温度影响的重塑非饱和膨胀土非线性本构模型[J].岩土力学, 2005,9(5):1937-1942.

[40] 陈正汉,周海青,Fredlund D G.非饱和土的非线性模型及其应用[J].岩土工程学报, 1999,21(5):603-608.

[41] 范秋雁.膨胀岩与工程[M].北京:科学出版社,2008.

[42] 杨庆,廖国华.膨胀岩三维膨胀试验的研究[J].岩石力学与工程学报,1994,13(1): 51-58.

[43] 温春莲,陈新万.初始含水率、容重及载荷对膨胀岩特性影响的试验研究[J].岩石力学 与工程学报,1992,11(3):304-311.

[44] 朱珍德,张爱军,邢福东.红山窑膨胀岩的膨胀和软化特性及模型研究[J].岩石力学与工程学报,2005,24(3):389-392.

[45] 徐晗,黄斌,何晓民.膨胀岩工程特性试验研究[J].水利学报,2007(s):716-721.

[46] 臧德记,刘斯宏,汪滨.原状膨胀岩剪切性状的直剪试验研究[J].地下空间与工程学报,2009,5(5):915-918.

[47] 黄斌,饶锡保,何晓民,等.纤维改性膨胀岩加筋作用试验研究[J].南水北调与水利科技,2009,7(6):130-132.

[48] 饶锡保,谭凡,何晓民,等.膨胀岩本构关系及其参数研究[J].长江科学院院报,2009,26(11):10-13.

[49] 陈劲松,张家发,童军,等.南水北调中线总干渠新乡潞王坟段膨胀岩渗透性研究[J].长江科学院院报,2009,26(s):14-17.

[50] 胡波,龚壁卫,童军.南水北调中线膨胀岩非饱和剪切特性[J].长江科学院院报,2009,26(11):20-22.

[51] 刘静德,李青云,龚壁卫.南水北调中线膨胀岩膨胀特性研究[J].岩土工程学报,2011,33(5):826-829.

[52] Lumb P. Effect of rainstorms on slope stability[J]. Proceedings of the International Symposium on Hong Kong Soil, Hong Kong, China, 1962.

[53] Sammori T, Tsuboyama Y. Parametric study on slope stability with numerical simulation in consideration of seepage process[C]// International Symposium on Landslides. 1991.

[54] 黄涛,罗喜元,邬强,等.地表水入渗环境下边坡稳定性的模型试验研究[J].岩石力学与工程学报,2004,23(16):2671-2675.

[55] 黄润秋,戚国庆.非饱和渗流基质吸力对边坡稳定性的影响[J].工程地质学报,2002,10(4):343-348.

[56] 李兆平.非饱和土体在开挖和降雨入渗影响下的稳定性理论与应用[D].北京:北京交通大学,2000.

[57] 吴恒滨,何泽平,曹卫文.基于不同水压分布的平面滑动边坡稳定性研究[J].岩土力学,2011,32(8):2493-2499.

[58] 陈善雄,陈守义.考虑降雨的非饱和土边坡稳定性分析方法[J].岩土力学,2001,22(4):447-450.

[59] 陈善雄,谭新,柳治国.降雨条件下土质边坡稳定性预测预报方法[J].岩土力学,2002,23(s):31-36.

[60] 张文杰,詹良通,凌道盛,等.水位升降对库区非饱和土质岸坡稳定性的影响[J].浙江大学学报,2006,40(8):1365-1370.

[61] 张旭辉,徐日庆,龚晓南.圆弧条分法边坡稳定计算参数的重要性分析[J].岩土力学,2002,23(3):372-374.

[62] 刘义高,周玉峰,郑健龙.增湿条件下膨胀土路堑边坡稳定性数值分析[J].岩土工程学报,2007,29(12):1870-1875.

[63] 卢再华,陈正汉,方祥位,等.非饱和膨胀土的结构损伤模型及其在土坡多场耦合分析中

的应用[J].应用数学和力学,2006,27(7):781-788.

[64] 林鸿州,于玉贞,李广信,等.降雨特性对土质边坡失稳的影响[J].岩石力学与工程学报,2009,28(1):198-204.

[65] 徐晗,黄斌,李少龙,等.降雨条件下膨胀岩边坡稳定性研究[J].地下空间与工程学报,2008,4(7):1201-1204.

[66] 龚壁卫,C W W NG,包承纲,等.膨胀土渠坡降雨入渗现场试验研究[J].长江科学院院报,2002(S1):94-97.

[67] 张永生,梁立孚,周健生.水位骤降对土质渠道边坡稳定性影响的弹塑性有限元分析[J].哈尔滨工程大学学报,2004,25(6):736-739.

[68] 陈愈炯.总强度指标的测定和应用[J].土木工程学报,2000,33(4):32-34.

[69] 李广信,吕禾.土强度试验的排水条件与强度指标的应用[J].工程勘察,2006,(3):11-l4.

[70] 陈正汉.重塑非饱和黄土的变形、强度、屈服和水量变化特性[J].岩土工程学报,1999,21(1):82-90.

[71] 卢肇钧,吴肖茗.膨胀力在非饱和土强度理论中的作用[J].岩土工程学报,1997,19(5):20-27.

[72] 姜洪伟,赵锡宏.剪切速率对各向异性不排水剪强度影响分析[J].同济大学学报,1997,25(4):390-395.

[73] 卢再华,陈正汉.原状膨胀土的强度变形特性及其本构模型研究[J].岩土力学,2001,22(3):339-342.

[74] 卢再华,陈正汉,蒲毅彬.原状膨胀土剪切损伤演化的定量分析[J].岩石力学与工程学报,2004,23(9):1428-1432.

[75] 熊承仁,刘宝琛,张家生,等.重塑非饱和黏性土 UU 抗剪强度参数与饱和度的关系[J].水土保持通报,2003,23(6):19-22.

[76] 韩华强,陈生水.膨胀土的强度和变形特性研究[J].岩土工程学报,2004,26(3):422-424.

[77] 贾其军,赵成刚,韩子东.低饱和度非饱和土的抗剪强度理论及其应用[J].岩土力学,2005,26(4):580-585.

[78] 吴明,傅旭东,夏唐代,等.压实土不固结不排水单剪、直剪试验对比[J].岩石力学与工程学报,2006,25(2):4147-4152.

[79] 齐剑峰,栾茂田,王忠涛,等.饱和黏土不排水剪切特性及双曲线模型[J].岩土力学,2008,29(8):2277-2282.

[80] 马少坤,黄茂松,范秋雁.基于饱和土总应力强度指标的非饱和土强度理论及其应用[J].岩石力学与工程学报,2009,28(3):635-640.

[81] 刘华强,殷宗泽.裂缝对膨胀土抗剪强度指标影响的试验研究[J].岩土力学,2010,31(3):727-731.

[82] 雷志栋,杨诗秀,谢森传.土壤水动力学[M].北京:清华大学出版社,1988.

[83] 黄义,张引科.非饱和土土-水特征曲线和结构强度理论[J].岩土力学,2002,23(3):

268-271.

[84] 栾茂田,李顺群,杨庆.非饱和土的理论土-水特征曲线[J].岩土工程学报,2005,27(6):611-615.

[85] 付晓莉,邵明安.SWCC 测定过程产生的容重变化 SWCC 参数的影响[J].水土保持学报,2007,21(3):178-182.

[86] 徐炎兵,韦昌富,陈辉,等.任意干湿路径下非饱和岩土介质的土水特征关系模型[J].岩石力学与工程学报,2008,27(5):1046-1052.

[87] 卢应发,陈高峰,罗先启,等.土-水特征曲线及其相关性研究[J].岩土力学,2008,29(9):2481-2486.

[88] 王宇,吴刚.一种基于物理化学基础分析的土水特征曲线模型[J].岩土工程学报,2008,30(9):1282-1290.

[89] 汪东林,栾茂田,杨庆.重塑非饱和黏土的土-水特征曲线及其影响因素研究[J].岩土力学,2009,30(3):751-756.

[90] 蔡国庆,赵成刚,刘艳.非饱和土土-水特征曲线的温度效应[J].岩土力学,2010,31(4):1055-1060.

[91] 周葆春,孔令伟,陈伟,等.荆门膨胀土土-水特征曲线特征参数分析与非饱和抗剪强度预测[J].岩石力学与工程学报,2010,29(5):1052-1059.

[92] 苏万鑫,谢康和.土水特征曲线为直线的非饱和土一维固结计算[J].浙江大学学报,2010(1):150-155.

[93] 张雪东,赵成刚,蔡国庆,等.土体密实状态对土-水特征曲线影响规律研究[J].岩土力学,2010,31(5):1463-1468.

[94] 黄海,陈正汉.非饱和土在 p-s 平面上屈服轨迹及土-水特征曲线的探讨[J].岩土力学,2000,21(4):316-321.

[95] 方祥位,陈正汉,申春妮.重塑非饱和黄土等 p 剪切试验[J].重庆大学学报,2004,27(9):124-127.

[96] 方祥位,陈正汉,申春妮,等.剪切对非饱和土土-水特征曲线影响的探讨[J].岩土力学,2004,25(9):1451-1454.

[97] 苗强强,张磊,陈正汉,等.非饱和含黏砂土的广义土-水特征曲线试验研究[J].岩土力学,2010,31(1):102-106.

[98] 陈正汉,谢定义,王永胜.非饱和土的水气运动规律及其工程性质研究[J].岩土工程学报,1993,15(3):9-20.

[99] 徐永福,叶翠明,赵书权,等.压应力对非饱和土渗透系数的影响[J].上海交通大学学报,2004,38(6):982-986.

[100] 高永宝,刘奉银,李宁.确定非饱和土渗透特性的一种新方法[J].岩石力学与工程学报,2005,24(18):3258-3261.

[101] 叶为民,钱丽鑫,白云,等.由土-水特征曲线预测上海非饱和软土渗透系数[J].岩土工程学报,2005,27(11):1262-1265.

[102] 苗强强.非饱和含黏砂土的水气运移规律和力学特性研究[D].重庆:后勤工程学

院,2011.

[103] 梁爱民.非饱和土壤渗透特性及饱和入渗机理试验研究[D].大连:大连理工大学,2008.

[104] 张文杰,陈云敏,邱战洪.垃圾土渗透性和持水性的试验研究[J].岩土力学,2009,30(11):3313-3317.

[105] 刘奉银,张昭,周冬.湿度和密度双变化条件下的非饱和黄土渗气渗水函数[J].岩石力学与工程学报,2010,29(9):1907-1914.

[106] 赵彦旭,张虎元,吕擎峰,等.压实黄土非饱和渗透系数试验研究[J].岩土力学,2010,31(6):1809-1812.

[107] 卢再华,陈正汉,蒲毅斌.膨胀土干湿循环胀缩裂隙演化的CT试验研究[J].岩土力学,2002,23(4):417-422.

[108] 刘祖德,王圆.膨胀土浸水三向变形研究[J].武汉水利电力大学学报,1994,27(12):616-621.

[109] 袁俊平.非饱和膨胀土的裂隙概化模型与边坡稳定研究[D].南京:河海大学,2003.

[110] 汪时机,陈正汉,李贤,等.土体孔洞损伤结构演化及其力学特性的CT-三轴试验研究[J].农业工程学报,2012,28(7):150-154.

[111] 袁俊平,杨国俊,王敏.土体孔洞损伤结构演化及其力学特性的CT:三轴试验研究[J].科学技术与工程,2013,13(12):3509-3519.

[112] 王晓燕,姚志华,党发宁,等.裂隙膨胀土细观结构演化试验[J].农业工程学报,2016,32(3):92-100.

[113] 姚志华,陈正汉,朱元青,等.膨胀土在干湿循环和三轴浸水过程中细观结构变化的试验研究[J].岩土工程学报,2010,32(1):68-76.

[114] 陈正汉,孙树国,方祥位,等.非饱和土与特殊土测试技术新进展[J].岩土工程学报,2006,28(2):147-169.

[115] 陈正汉,卢再华,蒲毅彬.非饱和土三轴仪的CT机配套及其应用[J].岩土工程学报,2001,23(4):387-392.

[116] 陈正汉,孙树国,方祥位,等.多功能土工三轴仪的研制及其应用[J].后勤工程学院学报,2007,23(4):34-38.

[117] 方祥位.Q_2黄土的微细观结构及力学特性研究[D].重庆:后勤工程学院,2008.

[118] 曹丹庆,蔡祖农.全身CT诊断学[M].北京:人民军医出版社,1996.

[119] 朱元青,陈正汉.研究黄土湿陷性的新方法[J].岩土工程学报,2008,30(4):524-528.

[120] 朱元青.基于细观结构变化的非饱和原状湿陷性黄土的本构模型研究[D].重庆:后勤工程学院,2008.

[121] 谢云,陈正汉,李刚,等.重塑膨胀土的三向膨胀力试验研究[J].岩土力学,2007,28(8):1636-1642.

[122] 高国瑞.膨胀土的微结构和膨胀势[J].岩土工程学报,1984,6(2):40-48.

[123] 王小军,方建生.膨胀土(岩)湿化性的影响因素及降低湿化性的途径和方法[J].铁道学报,2004,12(6):100-105.

[124] 谢云,陈正汉,孙树国,等.重塑膨胀土的三向膨胀力试验研究[J].岩土力学,2007,28 (8):1636-1642.

[125] GENS A,ALONSO E E. A framework for the behaviour of unsaturated expansive clays[J]. Canadian Geotechnique Journal,1992,29(6):1013-1032.

[126] WHEELER S J,SIVAKUMAR V. An elasto-plastic critical state framework for unsaturated soil[J]. Geotechnique,1995,45(1):35-54.

[127] MAATOUK A,LEROUEIL S,LA ROCHELLE P. Yielding and critical state of a collapsible unsaturated silty soil[J]. Geotechnique,1995,45(3):465-477.

[128] CUI Y J,DELAGE P. Yielding and plastic behaviour of unsaturated compacted silt[J]. Geotechnique,1996,46(2):291-311.

[129] 黄海,陈正汉,李刚.非饱和土在 P-S 平面上屈服轨迹及土-水特征曲线的探讨[J].岩土 力学,2000,21(4):316-321.

[130] 卢再华,李刚.对膨胀土 G-A 弹塑性本构模型的探讨[J].后勤工程学院学报,2001,17 (2):64-69.

[131] 姚志华,陈正汉,黄雪峰,等.结构损伤对膨胀土屈服特性的影响[J].岩石力学与工程 学报,2010,29(7):1503-1512.

[132] 姚志华.裂隙膨胀土在三轴浸水和各向等压加载过程中的结构演化特性研究[D].重 庆:后勤工程学院,2009.

[133] 陈正汉,方祥位,朱元青,等.膨胀土和黄土的细观结构及其演化规律研究[J].岩土力 学,2009,30(1):1-11.

[134] 卢再华,陈正汉,孙树国.南阳膨胀土变形与强度特性的三轴试验研究[J].岩石力学与 工程学报,2002,21(5):717-723.

[135] 谢定义,齐吉琳.土的结构性及其定量化参数研究的新途径[J].岩土工程学报,1999, 21(6):651-656.

[136] 范镜泓,张俊乾.损伤材料本构关系的一种内蕴时间理论[J].中国科学 A 辑,1988,5: 488-499.

[137] 章峻豪.南水北调中线工程安阳段渠坡滑塌机理及对策研究[D].重庆:后勤工程学 院,2012.

[138] Fredlund D G ,Xing A ,Huang S. Predicting the permeability function for unsaturated soils using the soil-water characteristic curve[J]. International Journal of Rock Mechanics and Mining Science & Geomechanics Abstracts,1994,32(4):159A-159A.

[139] 李生林,施斌,杜延军.中国膨胀土工程地质研究[J].自然杂志,1997,(2):82-86.

[140] 孙树国,陈正汉,朱元青,等.压力板仪配套及 SWCC 试验的若干问题探讨[J].后勤工 程学院学报,2006,(4):1-5.

[141] 吴道祥,刘宏杰,王国强.红层软岩崩解性室内试验研究[J].岩石力学与工程学报, 2010,29(s2):4173-4178.

[142] 章峻豪,陈正汉.南水北调中线工程安阳段渠坡换填土广义土-水特征曲线的试验研究 [J].岩石力学与工程学报,2013,32(s2):3987-3994.

[143] Childs E C,Collis-George G N. The permeability of porous materials[A]. Proceedings of the Royal Society of London[C]. Series A,1950.

[144] Millington R J,Quirk J P. Formation Factor and Permeability Equations[J]. Nature,1964, 202,143-145.

[145] 住建部. 土的工程分类标准:GB/T 50145—2007[S]. 北京:中国计划出版社,2008.

[146] 住建部. 土工试验方法标准:GB/T 50123—2019[S]. 北京:中国计划出版社,2019.

[147] 吴宏伟,李青,刘国彬. 上海黏土一维压缩特性的试验研究[J]. 岩土工程学报,2011,33 (4):630-636.

[148] 王洪波,邵龙潭,张学增. 基于亚塑性理论的无黏性土压缩试验应力应变的研究[J]. 岩土工程学报,2006,28(6):780-783.

[149] SRIDHARAN A,GURTUG Y. Compressibility characteristics of soils[J]. Geotechnical & Geological Engineering,2005,23(5):615-634.

[150] MOHAMEDZEIN Y E A,ABOUD M H. Compressibility and shear strength of a residual soil [J]. Geotechnical & Geological Engineering,2006,24(5):1385-1401.

[151] KAYADELEN C. The consolidation characteristics of an unsaturated compacted soil[J]. Environmental Geology,2008,54(2):325-334.

[152] 金银富,张爱军,尹振宇,等. 矿物成分相关的黏土一维压缩特性分析[J]. 岩土工程学报,2013,35(1):131-136.

[153] 章峻豪,陈正汉,田志敏,等. 非饱和土一维压缩试验及变形规律探讨[J]. 岩土工程学报,2015,37(1):61-66.

[154] DUNCAN J M,CHANG C Y. Nonlinear analysis of stress and strain in soils[J]. Journal of the Soil Mechanics and Foundations Division,ASCE,1970,96(5):1629-1653.

[155] DANIEL D E,OLSON R E. Stress-strain properties of compacted clays[J]. Journal of the Geotechnical Engineering Division,ASCE,1974,100(10):1123-1136.

[156] DUNCAN J M,BYRNE P,WONG K S,et al. Strength,stress-strain and bulk modulus parameters for FEA of stress and movements in soil masses[R]. California:California University,1980.

[157] 凌华,殷宗泽,蔡正银. 非饱和土的应力-含水率-应变关系试验研究[J]. 岩土力学,2008,29(3):651-655.

[158] Gitau A N,Gumbe L O,Biamah E K. Inf luence of soil water on stress-strain behaviour of a compacting soil in semi-arid Kenya[J]. Soil & Tillage Research,2006,89:144-154.

[159] 王伟,卢廷浩,周干武. 黏土非线性模型的改进切线模量[J]. 岩土工程学报,2007,29 (3):458-462.

[160] 王伟,宋新江,凌华,等. 滨海相软土应力-应变曲线复合指数-双曲线模型[J]. 岩土工程学报,2010,32(9):1455-1459.

[161] 章峻豪,陈正汉,赵娜,等. 非饱和土的新非线性模型及其应用[J]. 岩土力学,2016,37 (3):616-624.

[162] 章峻豪,陈正汉,苗强强,等. 南水北调中线工程安阳段渠坡换填土的强度特性研究

[J].后勤工程学院学报,2011,27(5):1-6.

[163] 孙益振,邵龙潭,范志强,等.非黏性土泊松比试验研究[J].岩土力学,2009,30(s):63-68.

[164] Kim C K,Kim T H. Behavior of unsaturated weathered residual granite soil with initial water contents[J]. Engineering Geology,2010,113(1):1-10

[165] 叶金汉.岩石力学参数手册[M].北京:水利电力出版社,1991.

[166] GEO-SLOPE International Ltd. 岩土应力变形分析软件 SIGMA/W[M].中仿科技(CnTech)公司,译.北京:冶金工业出版社,2011.

[167] 住建部.建筑边坡工程技术规范:GB 50330—2013[S].北京:中国建筑工业出版社,2013.